BOÎTE DE BIJOU

珠寶盒法式點心坊

４０道品味法國的烘焙饗宴

珠寶盒法式點心坊

著

商周出版

藝術品般的甜點

C'est pour moi, un grand plaisir que de prefacer le livre d'une belle Maison comme celle de Boîte de Bijou.

Je me souviens encore lors de ma visite de la qualité des produits qui ornaient la boutique, avec quelle simplicité et humilité j'avais été accueilli par les propriétaries. Tout de suite, j'ai senti que la passion et l'amour du travail bien fait, faisait parti des ingrédients quotidiens de cette entreprise.

Ce livre sans aucun doute, reflètera l'ame d'une patisserie sans concession, d'une grande finesse gustative et d'un esthétisme irreproachable. Qui reste à mes yeux l'une des meilleures de Taipei.

Encore bravo pour ce bel ouvrage de transmission qui met à l'honneur un art sans cesse en mouvement, et pour lequel l'émotion gustative doit etre le graal absolu.

能為一間如珠寶盒般美麗的甜點店的書寫推薦序，對我來說實在是莫大的榮幸。

我再度回想起，當我造訪這家甜點店時，精緻的甜點滿滿地陳設在店裡，點綴了整個空間。而接待我的店主人們，是如此地謙和而率真。這讓我馬上體會到，那股對工作的忠實熱愛，正是這家甜點店每日準備的食材裡，其中的一項原料。

這本書毫無保留地透過味覺品嚐的極致和無懈可擊的視覺美感，展現了一間甜點店的精神。在我眼裡，珠寶盒仍舊是台北最好的甜點店之一。

能有一本這樣美麗的書做為傳承，將甜點製作奉為一門不斷發展的藝術，真是太好了。透過本書，相信會有更多人和我一樣體會到味覺的感動，如同那尊無可比擬的聖杯。

泰瑞‧巴馬斯（Thierry Bamas）
2011法國最佳工藝獎MOF得主（Meilleur Ouvrier de France 2011）
2010冰淇淋甜點世界冠軍（Champion du Monde des Desserts Glacés 2010）

對細節的堅持

　　10周年おめでとうございます。私が講習会で台北に行く時はいつも熱心に勉強してくれて、いつも感心しています。お店にも何度か食べに行き、いつもしっかりしたフランス菓子で、味もデザインもTOKYOのパティスリーに負けない位のレベルで、むしろ、高さん独自の菓子作りを展開しているなと思います。

　　今後20年目指して、台北で一番、アジアで一番を目標に素晴らしいパティスリーを作ってください。私も高さんのいつまでもしっかりとした菓子作りの応援をしていきます。これからの菓子・店舗作り、期待しています。

　　之前由於講習會的緣故造訪台北，對於珠寶盒甜點主廚高師傅的學習熱忱，我感到非常佩服。每次在珠寶盒品嚐甜點，都能深刻感受到法式甜點背後那種紮實的技術與對細節的堅持，無論味道或是設計，絲毫不輸給東京的甜點店。我想，這些精緻美味的成品背後，一定包含著高師傅無盡的創作能量，及所有工作夥伴的努力與付出。

　　恭喜珠寶盒法式點心坊堂堂邁入十週年！也衷心期待珠寶盒能以接下來的十年為目標，成為台北第一、亞洲第一的出色甜點店。除了在技術上持續地支持與交流，對於接下來源源不斷的新品推出，甚至是新店舖的設立，都會是我深深期待的。

藤生義治
Patisserie du Chef FUJIU 主廚

美好飲食理念的傳承

「Boîte de Bijouというブランドについて、どのような印象を持たれているか？」という質問を、とても腕の良いシェフ・パティシエのEason Kaoさんからいただいたのだけれど、Boîte de Bijouさんを一言では、とても言い表せない。

ぼくが、Boîte de Bijouさんのことを初めて知ったのは、Boîte de Bijouのオーナー Susie Linさんやスタッフのみなさんが、京都にあるぼくの店を訪ねてくださった際、スタッフに預けられた名刺と「是非、Boîte de Bijouのwebサイトを見てください。」という伝言だった。

この時、ぼくは残念ながら東京の店にいたため、みなさんにお会いすることはできなかったのだけれど、伝言を聞いたぼくは、すぐにBoîte de Bijouさんのwebサイトを検索してみた。

言葉は理解できなかったけれど、そこに掲載されていたケーキの写真を見たぼくは、そのデザインの素晴らしさ、そして写真を見ただけで伝わるその繊細な仕事と技術の高さに驚愕した。

それらは、"Boîte de Bijou" という店名をそのまま体現した美しさだった。

その後、Boîte de Bijouさんを訪ねたぼくは、実際にKaoさんご兄弟の作り出されるケーキやパン、そしてグループ店であるフランス料理店L'Airというお店で女性シェフ Dana Yu さんのお料理をいただいた。とにかく驚きの連続だった。

ぼくは、今や東京のレストランやパティスリー、パンは、パリにも負けないレベルの高さだと思っているけれど、それは台北のBoîte de Bijouさんも変わらない。

Kaoさんのケーキやパン、Danaさんのお料理に"パリや東京との技術的な時差"は皆無であり、台北にあるBoîte de Bijouさんグループのお店を、そのまま東京へ持ってきても評価の高さはきっと変わらない。

それは、Boîte de Bijouさんのお料理、ケーキ、パンに限ったことでなく、とてもセンスの良いグループ店の内外装も同様であることは、今更ぼくが書くまでもない。

Boîte de Bijou人気の源泉が、KaoさんやDanaさんの才能やセンス、技術の高さにあることはもちろんのこと、それを支えるスタッフさんたちの熱心さ、真面目さも素晴らしい。日本人が勤勉であることの象徴のように言われることが多いけれど、そんなことはない。ぼくの知る限り、Boîte de Bijouのスタッフさんの方が余程勤勉だ。

そして、こういった素晴らしい環境があるのは、「本当に良いものを広めたい、根付かせたい」という、オーナーSusie Linさんの食に対する真摯さと寛大な理解が根底にあるということを忘れてはならない。

當手藝精巧的甜點主廚高師傅問我，「您對珠寶盒法式點心坊這個品牌有什麼印象呢？」我心想，要用短短的一句話來形容對這個品牌的印象，是非常困難的。

初次認識珠寶盒法式點心坊，是因為經營者Susan小姐和職員們來拜訪我在京都的店，他們留下名片，並留下「請一定要瀏覽我們的網站」的留言，託付店員轉達給我。很可惜當時我人在東京的店裡，雖然無法見到他們，但是我收到這個口信，馬上就試著搜尋珠寶盒法式點心坊的網站。

雖然無法理解網頁裡的文字，可是看到網站上的產品照片，對於這些卓越的設計，以及光從照片就能體會到的細膩、高超的工藝技術，感到非常驚訝，也讓我立即感受到「珠寶盒法式點心坊Boîte de bijou」這個店名所體現出來的美好。

後來，我有了機會前往拜訪珠寶盒法式點心坊，品嚐到珠寶盒團隊製作的各種麵包及甜點，以及該集團轄下，由女主廚Dana小姐掌舵的法式餐廳「風流小館L'Air」的料理。這一連串的體驗，令我不斷地感到驚豔。

我認為目前東京不論餐廳或甜點、麵包店的品質並不輸給巴黎，而我深信台北的珠寶盒法式點心坊也是如此。無論是珠寶盒法式點心坊或風流小館的料理，在技術上，與巴黎或東京皆無時差，我相信，即使將位於台北的珠寶盒法式點心坊直接搬到東京開店，也絕對能受到高度的評價。而同樣的好評，不只限於商品層面，店面的內外裝潢也如商品一樣，展現高度的品味。

這個甜點品牌人氣的泉源，想必來自主廚們出類拔萃的才能、美感與技術。此外，全體工作人員的熱情及認真，相信也是功不可沒。雖然很多人說日本人是勤勉的民族，但據我所知，珠寶盒法式點心坊工作人員的勤勉精神並不下於我們。而經營者Susan小姐十年來懷抱著真誠與理想，立志發揚並傳承美好的飲食理念，則是最令人深深感佩的。

西山逸成
日本知名法式烘焙品牌Le Petit Mec、RÉFECTOIRE經營者兼主廚

Table of Contents / 目錄

烘焙出人生的驚嘆號

珠寶盒法式點心坊總監 Susan

其實，很多朋友都知道我並非餐飲正統科班出身的學生，勤練廚藝的所有動力，都來自於愛。

畢業後，一直投身於室內設計的工作，涉及的範圍從居家裝潢、商店陳設到百貨賣場布置，忙碌程度自是不在話下。適逢百貨公司全樓層改裝時，可說是夜以繼日地作業，甚至得在其他樓層鋪床墊補眠！不過，一旦結束百貨改裝的密集工作期，迎來的就是閒暇時光，可以正常作息且準時上下班。也因為當時服務於日商公司，在本地制度中週六還必須上班的年代，我已經享受到週休二日的福利。

而這週休二日的閒暇時刻，就正好利用來琢磨我那「很是笨拙的廚藝」。

當時的我，可說是跑遍所有媽媽教室與飯店大廚開設的廚藝課程，不管中餐、西餐、麵包、西點……全都努力勤學，並且一定會實際在家操作一次，和家人分享。因為「為喜愛的人做菜，做菜給最愛的人吃」，是我人生最大的目的。

而由於我丈夫Eric是從事醫療技術的檢驗醫學領域專業，一年當中，有將近三分之一的時間往來於法國與亞洲各國間出差。如此走遍各地、嘗遍美食，可以想見養出了他多麼難討好的味蕾。做出的菜，入他的口，想得到他的稱讚著實很不容易。偏偏我又是不能認輸的獅子座，於是，就此踏上了與他同行探尋美食這條路。

同行出國的時候，他因職責出差，有工作在身，所以最最幸福的就是我了。特別是在法國時，我一人穿梭在巴黎街道間，沒有特定目的，相對也對法國人的生活有了更多觀察，在心中激起了一股崇拜與羨慕之情。

後來，往返法國就此成了每年的固定行程，因為內心的嚮往與認同感，使我感覺法國如自己的娘家一般，過了一段時間總要「回去看看」。回去造訪熟悉的餐館，聽聽餐館老闆抱怨政局與景氣。回去散步前往街角的巧克力店與最愛的麵包店，買一條法國長棍邊走邊啃，偶爾在塞納河邊停駐，剝下一點麵包塊餵餵廣場上的鴿子。隨性而愜意，彷彿化身為法國人一般生活著。

這些美味的麵包、起士、餐點、鵝肝醬、阿爾薩斯的豬腳、鮮美豐腴的生蠔……似乎也就此埋進我的DNA，深植在我的飲食記憶當中。

後來，有了孩子，我更是為了如何吃得健康而斤斤計較。以致於第二個孩子出生後，我毅然決然放棄工作，當起全職媽媽，照料家人生活的一切。

雖然如此，我仍未停止學習。到孩子入學時，我便開始進入穀類研究所持續研修，參與麵包專修班與西點專修班等課程。在麵食課程相關的研修中，關於如何改變配方、創造配方、了解每樣食材的物理性如何變化、酵母如何在麵糰中運作、為什麼要使用添加物……種種課題，都是我當時急於了解的事。

經過一年多的時間，藉由穀類研究所老師的教導，一一奠定我往後烘焙的基礎，內心深為感謝。也從此，家裡總飄著麵包香，不時有新鮮點心出爐，香氣四溢。而我的鄰居與親人，更是我最好的啦啦隊，他們滿滿的愛與讚美，使我發覺原來美食是如此撫慰人心。

此時，為了學習更多的知識，我也計畫著帶孩子旅居法國。到這時，我心中都還沒有一丁點開店的念頭呢！

當時，我家是社區內的食堂，先生也很是好客，所以常有鄰居來搭伙吃飯。我的好友「兔子聽音樂」餐廳創辦人Joan Chen經營餐廳非常忙碌，她是位不折不扣的千金小姐，為了經營餐廳，進廚房、做咖啡、洗餐具，如此不懈地努力著。有一天，她問我，「Susan，妳對做菜這麼有興趣，那我的餐廳頂給妳，好吧？」這一問，在我內心投入一顆震撼彈，我在心中自問：「我可以開餐廳嗎？我有這樣的能力嗎？」

當然，秉著獅子座不認輸的性格，我們頂下了「兔子聽音樂」，成為我的第一家店。「兔子聽音樂」的甜點很特別，是由天母的「茱莉兒」製作的，相信有很多人還是記得他們的美味！

十年前，一片蛋糕就已經要價一百五十到一百八十元之間，我們也必須來回天母取貨。經過試營運期，我們決定甜點還是自己製作比較適當，可以控制甜度、新鮮度與數量。更重要的一點是，做甜點可說是我的強項，也是最大的興趣。

因此，我們成立了一個很小的工作室，與瑜伽教室結合。聽起來奇怪，但我們真的這麼進行了。為節省預算與費用，只能一切從簡。回想起來，要感謝瑜伽教室的同學們體諒，經常是一邊聞著香噴噴的味道，餓著肚子來上瑜伽課。謝謝您們！

那期間，也發生過一些有趣的事。當可愛甜美的瑜伽課學員走過工作桌時，總會和正在製作甜點的高師傅聊上幾句，因此收到美味的蛋糕作為小禮物。而站在一旁高大的男生，當然就被高師傅完全地忽略無視。不過，那一段時光中，教室跟工作室同時存在一個空間裡，成員間彼此卻相當合拍，大家相處得十分和諧且愉快。

工作室成立初期，是由我自己製作甜點提供餐廳使用。隨著餐廳的生意慢慢好轉，我們便尋找志同道合的夥伴一起合作。當時，高聖億師傅是我們的顧問，指導新品與製作流程。經過一年時間，別的夥伴離開，而高師傅留下了。他可說是珠寶盒最重要的靈魂人物之一。

創業最難處，就在於是否能尋得合適的人才。高聖億師傅是一位極有才華、性格內斂的人，也因為他，珠寶盒得以誕生。

二〇〇六年七月，經歷了許久的籌備，珠寶盒終於正式開幕。

開始營業的第一天，麵包是以贈送的方式，免費分享給顧客試吃，客人進門常問的第一句話總是，「有鹹的嗎？」「這裡面包什麼餡呀？」「幾點後開始打折呢？」如此大哉問，完全與珠寶盒的經營理念背道而馳。

店裡放眼望去，都是質樸紮實的麵包、滿室瀰漫的麥香。然而，這卻不是消費者熟悉的麵包店。也因此，許多業界師傅都下注，賭「這家店鋪可以撐多久」。我曾經聽聞，其中說出的最久時間，是預估半年內會結束營業。

即便如此，我們始終如一，堅持以製作歐式麵包為主，未曾動搖過。

其實一開始我們已預料到經營不易。因為珠寶盒的店面位於小巷弄內，不容易找到，即使經過了也不容易被發現。這是由於我們希望能夠省下營業成本，藉此多一些回饋在食材上與堅持上，相信健康的食材、真真誠誠的製作、良善的

經營，一定會有所回報。在珠寶盒，我們堅持每天提供的麵包絕不可摻進添加物、化學添加品……等等多餘的材料，因為這些都是都讓家人吃進口中的。客人即家人，客人的健康是我們最珍視的。

一路上，珠寶盒也有幸遇上許多貴人相助。Dean & Deluca 在微風開幕時，全數都是選用珠寶盒的商品，這莫大的肯定，是促使我們繼續經營下去的一大契機。店內的法式魔杖經過中國時報麵包評比為第一名後，更多的客人認識珠寶盒了。其中，對我們最友善的莫過於師大法語中心所有的外籍老師，老師們總會推薦學生來珠寶盒看看，以了解什麼是法式的風味，衷心地感謝諸位老師們。

珠寶盒沒有名廚，我們都是台灣在地的孩子。每月一次的店休日，透過各種會議與研習課程，我們請名廚、技師來提升製作技術，支持師傅們赴國外看展與觀摩，希望可以盡小小的力量，將安全食品的善知識，播種到每位同事心中。

而未來，當他們自立門戶時，也將會有更多人投入提供安全、安心的食品製作，那就是我對將來最大的期許。

直到現在，聽到客人感動地告訴我們，「謝謝你們做出這麼好的麵包，吃你們家的麵包，腸胃都不會不舒服。」這樣的回饋，就是對我們最大的鼓勵了。這些鼓勵，都成為一點一滴的動力，讓我們更努力不懈。

如今，珠寶盒邁入第一個十年，僅以本書，分享店裡結合傳統與創新的多道配方，讓法式的味覺經驗為大家的生活帶來喜悅。

◆　●■　boîte de bijou

用甜點寫日記：複製巴黎的生活方式

以珠寶盒爲名，烘焙出人生的驚歎號。

| 珠寶盒法式點心坊總監　Susan Lin |

美好又浪漫的「法式生活」

人生是花，而愛是花蜜。

　　　　　　　　　——維克多·雨果（Victor Hugo, 1802—1885），法國作家

　　「法式生活」一詞，就如同美好生活與浪漫的代名詞，讓人嚮往。時尚美饌、生活品味、藝術文化、優雅世故交織出的法式韻味，從路易十四在位的十七世紀逐漸樹立，時至今日，為全世界所仿效。經過三百年醞釀，更一滴一點在法國人血液中流竄著，激盪出法式生活與哲學。

　　迄今，法式魅力依舊無所不在。一條街、一盞燈、一棵樹、一個轉角、一家咖啡館、一間老房舍，處處展現美感，讓法國人從小就在潛移默化中建立美學素養。

為生活而工作，不為工作而生活

　　許多人對法國的印象，就是浪漫。那可說是一種生活態度，珍惜與創

造自己理想的生活，活出屬於自己的幸福。因此，法國人信奉為生活而工作，不是為工作而生活，安排假期是生活非常重要的環節，多數人至少半年前就開始規畫假期，旅行是生命的動力，是為了日後走更長遠的路。

　　享受美食，對法國人來說是一種生活習慣，如此自然。一般人會在週四下班和朋友相約聚餐，週五與親密的伴侶相聚，週末假日則與家人一起用餐，對美食的熱愛可見一斑。即使平時在家吃飯，也一定將餐桌布置好，至少準備前菜、主菜及甜點三道菜色，極為重視食材的新鮮，避免吃加工品，也不使用過多香料。

美食，聯繫情感與愛的起點，生命交流的時刻

　　美食之於法國人，是聯繫所有情感與愛的起點，是生命交流的時刻。在咖啡館，和朋友聚會盡情交談，用餐一頓動輒兩、三小時，透過談話交流思辨之外，重視的是賓主盡歡、食物與酒搭配、音樂與環境的契合。

　　節日與美食，構成法式生活的內涵，本章將介紹法國重要的節慶及活動，並分享珠寶盒法式點心坊配合節慶推出的糕點配方，透過味蕾，探索法國人獨特的生活哲學。

節慶即生活，生活即儀式

「悲傷可以自行料理；而如果要充分體會歡樂的滋味，就必須有人一同分享。」這是美國作家馬克·吐溫的名言，也揭示分享的重要。分享之情，在法國的節慶、習俗儀式中，能讓人感受深刻。

法國的節日假期眾多，宗教節日有耶誕節、復活節、耶穌升天日及降臨日。法定假日有元旦、國慶、勞工節、一戰和二戰紀念日等，還有各種文化慶典，如：巴黎白夜藝術節、亞維儂藝術節、尼斯嘉年華、檸檬節等，法國人的放假時間可不比上班時間少，不定期舉辦節慶活動，眾人一同狂歡。

多樣的節慶風俗，也是法國人的人生縮影，如流動的風景般，串聯起一頁頁人生故事。

新年快樂　藏酒通通喝光

除夕夜當天，法國人會闔家團聚暢飲香檳。依照法國傳統，家中如果留著前一年的藏酒，新的一年將招來厄運。因此大家都要舉杯同慶，喝到酩酊大醉。酒喝光了，新的一年才會有好的開始。

尋蛋、滾蛋、撞蛋、吃蛋的復活節

復活節是紀念耶穌死後復活的日子，也是齋戒日，是摒棄前嫌與親朋友人復交和好的日子。

復活節前夕，在家中，父母會預先藏好復活彩蛋，必須把蛋煮熟待涼，塗成紅色。依照傳統多使用雞蛋，因為雞蛋的形狀象徵了圓滿與永恆。而現今多以蛋形巧克力取代。復活節當天，家中的孩子尋找巧克力蛋的同時，可以無限制地吃巧克力。此外，由於活動經常是在花園裡進行，也因此使花園藝術成為另一個受到重視的環節。另外，更延伸出各種活動與應景遊戲，例如滾蛋、撞蛋。滾蛋是將雞蛋從一片木板上滾下，不破者贏。撞蛋是手持雞蛋互相敲擊，先破者輸。

耶誕節　闔家團聚、發揮創意的大日子

　　耶誕節是法國最為重大的宗教節日之一。節日前夕，親朋好友之間會寄贈耶誕賀卡，以表達祝賀和問候。

　　這個時節，挑選耶誕樹全家人一起動手裝飾，是很重要的事。在新鮮的松樹上點綴美麗的飾品，還能讓整個客廳瀰漫一股迷人的松香。

　　如此重要的節日，更是闔家團聚的時刻。耶誕節前的構思及準備過程，往往最令人費心。法國人會閱讀各種生活風格雜誌，從中激發、擷取創意及靈感。除了要布置出具有個人特色的居家擺設，同時也要為親友精心準備禮物。

　　平安夜時，全家人會一起參與餐點的準備，如果是家族聚餐，會事先分配好負責的餐點，各自發揮創意、親自動手。晚餐從開胃酒、前菜、主菜、甜點到餐後酒，餐後還會前往教堂參與彌撒，再回家喝花草茶做為結束。

　　耶誕節最為開心的，莫過於家中的孩子了。平安夜晚餐後讓小孩將襪子擺

在耶誕樹下，等待「耶誕老人」送來禮物。同時擺放向耶誕老人致謝的牛奶和餅乾，然後上床睡覺。大人接著放上禮物，把牛奶、餅乾吃掉，為孩子製造第二天醒來時的驚喜。

如同華人吃元宵為春節畫上句點的習俗，法國人在一月六日的主顯節吃國王餅，為為期兩週的耶誕假期畫上句點。誰吃到包在國王餅中的瓷偶，就意味著將成為這一年裡最幸運的人。除了和家人享用，許多公司也會在假期結束第一天上班時，讓同仁一起吃國王餅，吃完國王餅代表過完假期，要開始認真工作了。

還有一些節日的慶祝儀式，只限於教徒們在教堂內舉行，像是：聖灰禮儀節、四旬節、聖技主日、聖三節、聖體瞻禮⋯⋯等。其他的傳統節日，也有些慶祝的方式，三王來朝節這一天會吃烙餅，聖蠟節吃薄餅，狂歡節穿上滑稽的服裝，愚人節這一天可隨意編造戲言⋯⋯等等。

慶生　法國家庭的大日子

而串起法國人生活的另一個重要環節，就是人生許多重大日子的慶祝儀式了。

例如孩子慶生對許多法國家庭來說是大日子，設計邀請卡、擬定邀請清單需要儘早規畫。慶生會通常會設定一個主題，當天要布置場地，同時為小朋友烤蛋糕。派對結束時還要準備糖果，讓受邀的小朋友帶走做為回禮。

婚禮　幸福的儀式

　　另外就是婚禮了，春夏是結婚的大旺季，多數人在半年到一年前就開始規畫，並通知親友。受邀的來賓除了事先安排好時間，準備參加婚禮的服裝也是一件大事。

　　白色是法國婚禮的主色調，從鮮花、新娘服飾到所有裝飾都是白色的。白色婚禮是非常正式的婚禮，請柬上會註明請著正式裝束出席。因此，婚禮上會看見很多女士身穿高雅的套裝，戴著歐洲貴族般的寬沿帽。舉行教堂儀式時，新娘要穿拖尾的婚紗，搭配長頭紗和水晶珍珠等飾品，新郎穿黑色禮服。

　　婚禮的形式從雞尾酒會、餐宴到假期，有各種安排，依親疏遠近邀請不同的對象參加不同的活動。如果收到的只是雞尾酒會的邀請，來賓在酒會後便會自行離去，並不會因為未受邀參加餐宴或其他活動而介意。

　　在中式傳統婚禮中，男方要給聘金，在法國剛好相反，沒有聘金，婚宴費用由女方承擔。新娘要準備充足的嫁妝，法國女孩子從青少年開始，就會開始計畫為將來婚後的需求購買床單、碗盤等。

　　新郎和新娘在婚前都照例與各自的好友舉行晚會，男方叫「埋葬單身漢生活晚會」，女方稱「辭別宴會」。準新郎以一個象徵性的「棺材」舉行一次「葬禮」，表示向單身生活告別。準新娘在「辭別宴會」上，接受花束、花籃，大家唱辭行歌、跳送別舞，以示姊妹深情。

國王餅
Galette des Rois

材　料　[派皮]

高筋麵粉384克　低筋麵粉384克　奶油77克　醋32克　鹽16克
冰水285克　片狀奶油500克

[杏仁餡]

奶油1125克　蛋黃115克　全蛋375克　奶粉115克
糖粉875克　杏仁粉1350克

製　作　[派皮]

1　將高筋麵粉及低筋麵粉過篩，加入奶油攪拌，攪拌至奶油呈小塊狀即可。

2　醋、鹽、冰水一起攪拌均勻倒入1，攪拌至成團即可。

3　分割爲每份1278克的麵糰，放入冷藏鬆弛一晚。

4　取出冷藏一晚的麵糰，延壓成長寬4:3的大小，奶油延壓成長寬3:2的大小。

5　將奶油包入麵糰，以三摺方式摺疊六次。每摺疊完兩次，就必須放入溫度-6°C冰箱鬆弛2小時，才能取出再次三摺。

6　三摺六次完成，放入-6°C冰箱冷藏一晚即可使用。

[杏仁餡]

1　先將奶油及糖粉攪拌均勻。

2　分次加入蛋黃及全蛋。

3　待蛋黃、全蛋都加入並攪拌均勻後，加入奶粉及杏仁粉攪拌均勻。

組　合　1　將麵糰延壓成0.25公分的厚度，鬆馳三小時後，裁切出7吋的圓型爲底部，8吋的圓型爲上蓋。

2　取一底部麵糰，上面擠上200克杏仁餡，接著在杏仁餡中塞入小瓷偶。

3　底部周圍刷上一圈蛋黃，再將上蓋蓋上。

4　將上蓋與底部外圈密合緊壓，並於邊緣壓出紋路。

5　表面刷一層蛋黃，待蛋黃風乾，即可在表面刻劃花紋。圖形完成，即放入3°C冷藏靜置一晚。

6　取出冷藏一晚的國王餅，退冰後，以上火180°C／下火180°C的烘烤20分鐘。

7　烤盤轉向，表面蓋烤盤紙、鐵盤再烤20分鐘。

8　拿掉鐵盤、烤盤紙，關掉下火，再烤20分鐘即可出爐。

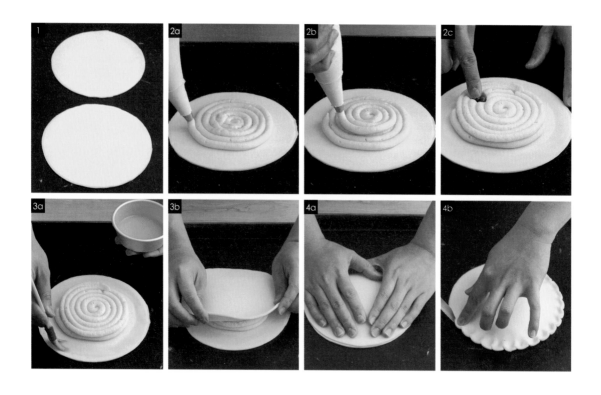

吃到蠶豆或小瓷人，你就是國王

在法國，每年一月六日的主顯節是重要節日。這是東方三聖朝拜新生耶穌的日子。自第五世紀起，就受到教會的重視，而與親友一起分享國王餅的習俗，是十四世紀開始盛行的。傳統中，會將國王餅切塊，份數要是在場人數加一，多出的那塊餅稱爲「上帝的份」。有趣的是，在烘餅內放一粒蠶豆或小瓷人的傳統也延續至今。吃到蠶豆或小瓷人，即成爲當日的國王，並可指定一位皇后。法國糕點店也會附贈一只紙皇冠，給當選的「國王」加冕之用。

心型棒棒糖
Sucettes en Chocolat

締結西班牙公主與法王路易十四的情緣

情人節，又稱爲聖瓦倫丁節或聖華倫泰節（St. Valentine's Day），始於教宗公元四九八年宣布二月十四日爲情人節，是西方傳統節日，男女在這一天互贈巧克力、賀卡和花。

西元十六世紀時，西班牙探險家科提斯（Hernando Cortez）將可可豆帶進歐洲，受到歐洲人的喜愛。十七世紀，十四歲的西班牙小公主與法王路易十四的文定典禮，將西班牙的巧克力帶入法國巴黎宮廷，奠定巧克力與情愛傳達的密切關聯。

材　料　細砂糖150克　葡萄糖漿25克　水50克　覆盆子果泥250克　奶油50克

白巧克力160克　玫瑰香料2克

製　作

1　將心形模刷上一層粉紅色金粉。

2　倒入一層調溫完成的白巧克力，以抹刀輕敲模具側邊，將多餘空氣敲出。

3　將多餘的巧克力倒出，形成一層薄殼。

4　將細砂糖、葡萄糖漿、水加熱至185°C，倒入覆盆子果泥煮至103°C，離火降溫至75～85°C。

5　將4倒入白巧克力進行乳化，降溫到35°C，再加入奶油和玫瑰香料乳化均質，即成爲玫瑰白巧克力餡。

　珠寶盒法式點心坊

01 用甜點寫日記：複製巴黎的生活方式

6　在已凝固成型的巧克力模中，擠入玫瑰白巧克力餡至8分滿，以模具輕敲桌面，將多餘的空氣敲出。

7　將紙軸壓入模具中，放入溫度15～16°C、濕度50～60的冰箱中靜置一晚。

8　凝固的巧克力棒棒糖內餡取出回溫，上面倒入調溫完成的白巧克力，輕敲桌面將多餘空氣敲出，再將多餘的白巧克力刮除。

9　放入溫度15～16°C、濕度50～60的冰箱中，待表面白巧克力凝結成型即可脫模取出。

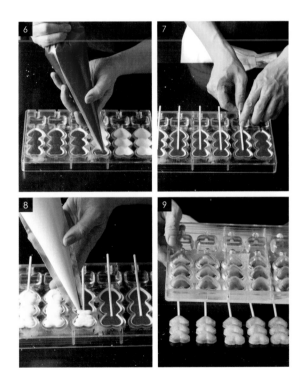

樹幹蛋糕
Bûche de Noël

材　料　[巧克力蛋糕體] 分量：55.5公分×36公分框模兩盤

A──蛋黃300克　砂糖264克

B──蛋白480克　砂糖144克

C──杏仁粉132克　低筋麵粉96克　可可粉96克

D──奶油324克

[巧克力脆餅]

i 杏仁酥餅

奶油240克　砂糖120克　低筋麵粉240克　鹽3克

杏仁粉322克　二號砂糖127克

ii 酥脆餅皮

杏仁酥餅756克　有糖榛果醬588克　可可脂150克

奶油120克　66%巧克力186克

[香橙奶油餡] 分量：55.5公分×36公分框模一盤

百香果果泥486克　柳橙汁243克　蛋黃213克　全蛋273克　砂糖180克

吉利丁粉12克　水60克　奶油273克

[香草奶油餡] 分量：55.5公分×36公分框模一盤

牛奶600克　馬達加斯加香草莢1條　砂糖240克　玉米粉75克

吉利丁粉6克　水36克　馬斯卡邦起司300克　鮮奶油450克

[70%巧克力慕斯]

牛奶500克　鮮奶油1000克　70%巧克力560克　吉利丁粉6克　水30克

[巧克力鏡面]

牛奶300克　葡萄糖漿500克　61%巧克力500克　可可膏350克

吉利丁粉30克　水150克　鏡面果膠1000克　紅色色粉6克

製　作　[巧克力蛋糕體]

1　A打發至泛白，再以慢速打至表面光亮備用。

2　B打至7分發，與1混合後，C過篩加入拌勻為麵糊。

3　奶油融化，加入麵糊中攪拌均勻，倒入烤盤，並將表面抹平，以上火200°C／下火200°C烘烤12分鐘至熟透，即可出爐散熱備用。

樹幹蛋糕 *Bûche de Noël*

[巧克力脆餅]

i **杏仁酥餅**

1 所有材料以漿狀攪拌器拌勻，冷藏靜置一晚。

2 隔日取出時，以壓麵器碾壓成薄片，以170°C烘烤至金黃色。

3 烤熟後以調理機打碎備用。

ii **酥脆餅皮**

1 杏仁酥餅與榛果醬混合。

2 將可可脂、奶油、巧克力融化，加入1當中拌勻。

3 取500公克酥脆餅皮，均勻抹平於巧克力蛋糕體表面後冷凍備用。

[香橙奶油餡]

1 先將吉利丁粉與水混合靜置還原為凍狀。

2 百香果果泥、柳橙汁放入鍋中混合，加熱煮沸。

3 蛋黃、全蛋、細砂糖拌勻，將2加入，隔水加熱煮蛋奶醬升溫至85°C。

4 將已還原的吉利丁加入溶解，降溫至40～45°C後，加入奶油，以手持調理機調理至光亮滑順狀。

5 倒入框模中，放入冷凍庫靜置。

[香草奶油餡]

1　先將吉利丁粉與水混合靜置還原為凍狀。

2　牛奶、香草莢煮沸，加入砂糖及玉米粉再度煮沸後離火。

3　將已還原的吉利丁加入溶解，降溫至35°C，再加入馬斯卡邦起司拌勻。

4　鮮奶油打至6分發，加入2當中拌勻。

5　倒入已冷凍凝固的香橙奶油餡上層，表面稍加抹平後，放入冷凍庫中靜置。

[70％巧克力慕斯]

1   先將吉利丁粉與水混合靜置還原爲凍狀。

2   鮮奶油打至七分發，冷藏備用。

3   牛奶煮沸，加入吉利丁拌匀。

4   將2分次倒入巧克力中乳化。乳化完成後，整體溫度降至35～40°C。

5   先取一部分巧克力混合物，倒入打發鮮奶油拌匀，攪拌至與打發鮮奶油的
     濃稠度約一致。

6   將5倒入剩餘的巧克力混合物中，以刮刀混合均匀。

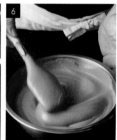

[巧克力鏡面]

1   牛奶、葡萄糖漿放入鍋中混合，煮沸後，加入吉利丁溶解。

2   61％巧克力、可可膏放入容器，將1倒入乳化拌匀。

3   加入鏡面果膠及紅色色粉，以手持調理機攪拌至光亮滑順狀。

組 裝 1   將冷凍的香草奶油餡及香橙奶油餡裁切爲長50公分、寬5公分。

2   巧克力蛋糕體裁切爲長50公分、寬7公分。

3   準備長50公分內徑約8公分的半圓形長模，模內放入乾淨的透明塑膠片。

4   製作完成的巧克力慕斯倒入一半至半圓形模內。

5   放入裁切好的內餡，稍微輕壓。

6   倒入些許巧克力慕斯覆蓋住內餡，表面抹平。

7   放上裁切好的脆片蛋糕，壓平後，以刮刀抹平四周溢出的巧克力慕斯，放
     入冷凍庫靜置。

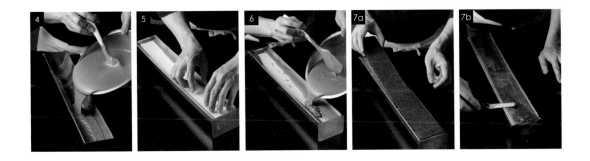

装　飾　　1　將冷凍至固狀的巧克力慕斯脫模，裁切為20公分長。

2　巧克力鏡面微波至35～36°C均質後淋上。

3　表面裝飾巧克力片、蛋白餅即完成。

讓木材愈燒愈旺 驅走厄運 迎接豐收

幾世紀以來，法國有一項習俗：準備過耶誕節時，會在壁爐燒一根粗大的木柴，從耶誕節起持續燃燒十二天，象徵燒去厄運、迎接新年，確保來年豐收。因此，在耶誕節當天，來訪的親友會帶一塊好木頭當做禮物，讓壁爐燒得又旺又久，充滿人情味。受到這項習俗影響，樹幹造型的蛋糕便成為耶誕節必備的甜點。

傳統的樹幹蛋糕會使用鮮奶油製作，以耶誕老人、斧頭、鋸子、蘑菇、小矮人等造型的小飾品裝飾，吃起來嘴裡甜蜜，溫暖在心窩。

潘尼朵尼
Panettone

材　料　[中種麵糰]
烏越純芯麵粉1000克　水500克　鹽10克　細砂糖63克
無鹽奶油250克　乾酵母5克

[主麵糰]
烏越純芯麵粉350克　T55法國麵包粉150克　優格270克　蜂蜜50克
鹽5克　細砂糖300克　蛋黃270克　無鹽奶油450克　香草莢1條
酒漬葡萄乾700克　酒漬桔皮180克

製　作　[中種麵糰]
1　乾酵母與水混合，攪拌均勻。

2　麵粉與奶油攪散成砂狀。

3　將所有材料混合，以慢速5分鐘，快速1分鐘攪拌，攪拌完成溫度約25°C。

4　放入28°C發酵箱，發酵15小時。

5　發酵完成，觸摸麵糰有塌陷狀即可使用。

[主麵糰]
1　液態材料加入中種麵糰，以慢速3分鐘攪拌。

2　加入麵粉、鹽，以慢速2分鐘，快速5分鐘攪拌至拉起時可延展的狀態。

3　加入細砂糖，以慢速2分鐘，快速1分鐘攪拌成更有彈性的麵糰。

4　分兩次加入奶油，以慢速3分鐘，快速3分鐘攪拌，攪拌完成至9.5筋，拉開可形成薄膜。

5　攪拌完成後，從香草莢中取出香草籽加入麵糰中，並加入酒漬葡萄乾、酒漬桔皮拌勻即可，麵糰溫度約25°C。

6　常溫靜置，發酵90分鐘。

7　分割為每份350克的麵糰，整型滾圓，放入紙烤模。

8　於28°C發酵箱做最後發酵3小時。

9　入烤箱前，於麵糰頂部剪出十字，從十字裂口拉開麵糰黏至邊緣。

10　入烤箱前，在中央放置少許奶油，以上火180°C／下火180°C烘烤18分
　　鐘。接著烤盤轉向，關掉上火，繼續烤15分鐘。

11　出爐後，在底部插上竹籤，倒扣放涼。

傳遞耶誕的奉獻與分享精神

潘尼朵尼創始於義大利北部的時裝重鎮米蘭，呈圓柱形，高度在十二公分到十五公分間，頂端
膨漲如蛋形，昔日是耶誕節及新年時吃的特殊麵包，現今已是家常麵包。麵糰製作前需長時間
發酵，讓果香與麵糰充分融合，再進行烘烤，出爐後將麵包倒吊冷卻，讓頂部呈現美麗的弧型。
潘尼朵尼分量大且保存時間較長，適合全家一起享用，傳遞耶誕節的分享精神。

史多倫
Stollen

材　料　[中種麵糰]
鷹牌高筋麵粉25%　鮮奶25%　新鮮酵母7.5%（註）

[主麵糰]
鷹牌高筋麵粉100%　鹽1.5%　肉桂粉0.2%　豆蔻粉0.1%　糖12.5%
蛋黃6%　發酵奶油50%　麥芽精0.2%　水1%　酒漬蔓越梅20%
酒漬葡萄乾20%　酒漬桔皮20%　杏仁粒30%　核桃30%　杏仁膏20%

註：本書麵包配方均以烘焙百分比表示分量

製　作　[中種麵糰]

1　將新鮮酵母加入鮮奶混合均勻。

2　加入高筋麵粉，攪拌均勻。

3　放置於室溫發酵1小時，即可使用。

[主麵糰]

1　糖、蛋黃、發酵奶油混合，攪拌均勻備用。

2　麥芽精加入水中，混合拌勻備用。

3　酒漬蔓越梅、葡萄乾、桔皮、杏仁粒、核桃混合均勻備用。

4　將中種麵糰與1以慢速2分鐘拌勻，再加入粉狀材料，以慢速1分鐘拌勻。

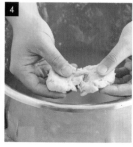

珠寶盒法式點心坊
01 用甜點寫日記：複製巴黎的生活方式

5　將杏仁膏分成小塊狀，以慢速2分鐘攪拌，分次投入。

6　杏仁膏全部投入後，即可以快速攪拌10分鐘，最後加入果乾攪拌均勻即可。

7　靜置於室溫發酵60分鐘。

8　分割為每份400克的麵糰，整為長方形。

9　鬆弛15分鐘，以擀麵棍壓開後，在1/3處壓出凹槽，接著對摺。最後放入28°C 發酵箱，發酵30分鐘。

10　表面刷上融化奶油，放入烤箱，以上火180°C／下火180°C烘烤18分鐘，接著烤盤轉向，關掉上火，繼續烤13分鐘即可出爐。

11　出爐時，表面刷上融化奶油，沾砂糖。放置冷卻後，撒上糖粉。

外型象徵襁褓裡的耶穌 紀念耶穌受難的糕點
史多倫是耶誕節時享用的糕點，外表覆蓋厚厚一層雪白糖粉，麵糰中混入豐富的乾果粒，交織濃郁的杏仁與奶油味，令人難以抗拒。史多倫起源於十四世紀德國第一大城德勒斯登（Dresden），是不加任何奶油的單味白麵包，外型模仿襁褓裡的耶穌，是象徵耶穌受難的麵點之一。直到十七世紀，教會開始允許加入奶油，繼而隨著香料普及，材料逐漸豐富。
每年十二月，德勒斯登會舉行盛大的史多倫慶典，製作重達三至四噸的巨大史多倫，和遊行隊伍一起穿過大街小巷到達耶誕市集。最後舉行切割儀式，切成小塊的蛋糕，一小部分用於慈善，其餘則賣給前來的市民。

巧克力樹
Sapin Choco-Douceurs

材　料　　青蘋果軟糖　綜合柑橘軟糖　玫瑰荔枝軟糖　森林莓果軟糖
　　　　　熱帶水果軟糖　番石榴軟糖　無花果軟糖　紅桃軟糖
　　　　　金色巧克力珠　粉色巧克力珠　心型巧可力糖　55%黑巧克力

製　作　1　水果軟糖切小丁狀備用。

　　　　2　黑巧克力調溫後，灌入錐形模中，灌滿後再倒出。

　　　　3　待模具中的巧克力凝固形成薄殼，再灌入第二層巧克力，重複一次2的
　　　　　步驟。

　　　　4　放入溫度15～16°C、濕度50～60的冰箱中，即成為巧克力樹基座。

珠寶盒法式點心坊
01 用甜點寫日記：複製巴黎的生活方式

5　巧克力調溫後，擠入大小不同的圈模中至7分滿，製作巧克力圈。

6　模具輕敲桌面，表面呈平滑狀態之後，依序放上軟糖、巧克力珠、心型巧克力糖。

7　裝飾完成放入溫度15～16°C、濕度50～60的冰箱靜置一晚。

8　將圓錐巧克力模及圓型巧克力圈模脫模取出，依大小順序套入圓椎巧克力上。

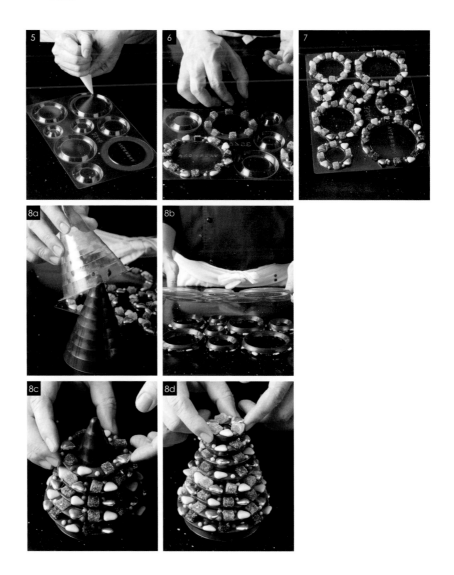

香料蛋糕
Pain d'épices

材　料　[蛋糕體]

低筋麵粉464克　黑麥粉250克　泡打粉11克　香料麵包粉14克
小蘇打粉11克　杏仁粉71克　鹽3.5克　蜂蜜714克　牛奶429克
糖漬橘子丁50克　糖漬檸檬丁50克　全蛋143克

[杏桃果醬]

杏桃果膠500克　杏桃果泥100克

[糖霜]

30度波美糖水100克　純糖粉210克　檸檬汁25克

製　作　[蛋糕體]

1　蜂蜜、牛奶加熱煮沸後，離火將溫度降至室溫。

2　粉類與鹽過篩，加入拌勻。

3　依序加入全蛋、糖漬橘子丁、糖漬檸檬丁拌勻。

4　倒入長10.5公分、寬4.5公分、高4.5公分模具，一條重量約130克。

5　放入烤箱，以上火180°C／下火180°C烘烤約25分鐘。

珠寶盒法式點心坊
　　01 用甜點寫日記：複製巴黎的生活方式

香料蛋糕 *Pain d'épices*

[杏桃果醬]

將杏桃果膠及杏桃果泥放入鍋中混合，加熱煮沸，放涼備用。

[糖霜]

30度糖水加熱至45～50°C，加入純糖粉和檸檬汁拌勻。

裝　飾　1　香料蛋糕烘烤完成放涼，表面刷上一層煮好的杏桃果醬。

2　果醬凝固後，淋上一層糖霜。

3　放入烤箱，以220°C烘烤約30秒即完成。

一條絲綢之路　追尋世界香料歷史

香料蛋糕，訴說一條絲綢之路的故事。由荷蘭人開啓的香料之路，從此讓香料遍及全歐洲，衍生出各種香料糕餅。根據法蘭西學術院詞典，其成分包括黑麥、蜂蜜和香料，此配方在之後的三百年間不曾改變，還受到查理七世和他的情婦偏愛。

與香料蛋糕有關的最知名人物是聖尼古拉，他是兒童的守護者，十二月六日是以他為名的節日，分送香料蛋糕給孩子為節慶特色。二十世紀巴黎的香料蛋糕節，大人小孩會在大帳棚下，欣賞用香料蛋糕做成的糖果屋。

耶誕餅乾
Biscuits de Noël

材　　料　[綜合香料餅乾]

A——奶油187克　三溫糖132克　紅糖132克　砂糖79克　鹽2.6克

B——低筋麵粉529克　小蘇打粉0.6克　肉豆蔻粉1.94克　丁香粉1.5克
　　　荳蔻粉0.38克　綜合香料粉8.9克

全蛋53克　牛奶21克

[覆盆子酥波蘿]

A——奶油90克　砂糖40克

B——低粉126克　紅色色粉1克　覆盆子粉14克　鹽2克
牛奶8克

[蛋白糖霜]

A——蛋白粉5克　水30克

純糖粉200克

製　　作　[綜合香料餅乾]

1　將A混合，攪拌拌勻，慢慢加入全蛋及牛奶攪拌乳化。

2　B過篩，加入A拌勻，麵糰整成扁平狀，冷藏一晚備用。

3　冷藏一晚後，將麵糰取出切成方便操作的大小，以麵棍擀成約6公釐厚。

4　以造型餅乾模壓製出一片片餅皮，冷藏備用。

　珠寶盒法式點心坊
　　01　用甜點寫日記：複製巴黎的生活方式

[覆盆子酥波蘿]

1　將A拌勻，慢慢加入牛奶攪拌乳化。

2　B過篩加入A當中拌勻，整成扁平狀，冷藏一晚備用。

3　將麵糰切成方便操作的大小，以麵棍擀成約2公釐厚。

4　以造型餅乾模壓成一片片麵皮，冷藏備用。

[蛋白糖霜]

1　將A混合拌勻，靜置30分鐘。

2　加入純糖粉，以打蛋器攪拌均勻，在容器蓋上濕毛巾備用。

組　裝　1　在烤盤鋪上有孔矽膠墊，綜合香料餅乾排入。

　　　　2　表面灑上一點點水，貼上覆盆子酥波蘿，放入烤箱，以上火160°C／下火160°C烘烤20～26分鐘。餅乾熟透即可出爐散熱。

　　　　3　烤盤紙裁成合適大小，捲成圓錐狀，填入蛋白糖霜，圓錐頂端剪出小孔。

　　　　4　於散熱完成的餅乾表面擠上線條，風乾一晚，即完成。

原味艾克斯糖
Calissons

材　料　[杏仁糖] 分量：130顆
杏仁膏800克　糖漬橘條133克　君度橙酒47克　糯米紙

[蛋白霜]
A─蛋白50克　純糖粉250克
檸檬汁少許

製　作　[杏仁糖]
1　糖漬橘條切成細末，與君度橙酒一同放入鍋內，炒至酒精揮發。
2　杏仁膏微波1分鐘後加入，轉中火。
3　以刮刀邊壓邊炒至鍋內側四周結出一層薄膜，即可倒在矽膠墊上。
4　糯米紙的粗糙面朝下，於上方擺上3。
5　以兩條厚度1公分的鐵條壓在糯米紙長邊兩側，蓋上另一塊矽膠墊，以擀麵棍來回碾壓成厚度一致的長方片狀。

珠寶盒法式點心坊

01 用甜點寫日記：複製巴黎的生活方式

原味艾克斯糖 *Calissons*

守護堅貞愛情 夫妻永不分離

法國普羅旺斯的一款特有點心，於慶典時發送，做為祝福。口感紮實，卻入口即化，象徵對愛情的守護與堅貞，祝願夫妻長長久久、永不分離。十三世紀後，開始出現在義大利威尼斯及地中海沿岸地區的宗教慶典。當時造型多以杏仁膏做成一顆小圓球，有招來幸運和保佑的意義。

[蛋白霜]

1 將 A 混合，使用攪拌器以中高速打發至泛白。

2 倒入幾滴檸檬汁，繼續打發至蛋白霜流下時會形成緞帶狀般的濃稠度。

裝　飾

1 在杏仁糖表面淋上蛋白霜，以 L 型抹刀塗抹到厚薄一致。

2 以切割器切割為1.5公分×1.5公分的正方形。

3 用小抹刀刮除四周多餘糖霜，擺入烤盤。

4 放入烤箱，以上火180°C / 下火180°C烤2分鐘即可。

主 · 廚 · 小 · 撇 · 步

1 橘條務必切得極為細碎，以免艾克斯糖於切割時，因裡頭殘留過於大塊的橘條，致使切面留下空洞。

2 酒精必須確實揮發再加入杏仁膏拌炒，以避免成品質地過於濕軟。

3 蛋白糖霜塗抹時，因為大面積的接觸空氣，容易乾燥。因此在刮除多餘糖霜時，動作愈快速愈好。

02

◆ ●■ boîte de bijou

為最愛的人烘焙，是一種幸福：珠寶盒的初心

致力做出健康美味的麵包，用良心服務所有支持我們的顧客，莫忘初衷。

| 珠寶盒法式點心坊麵包主廚　游金穆 |

「歐式麵包」與「歐洲人的生活」

降臨在人生的無上幸福，便是確信我們被愛著。

——維克多‧雨果（Victor Hugo,1802—1885），法國作家

麵包的歷史，就是人類的歷史。

在西方社會的發展中，麵包在宗教與歷史上始終具有一定分量，曾有歷史學家提及，「以麵種製作出的小麥麵包或黑麥麵包，六千年以來，一直是人類文明的基石。」在尼羅河谷地，麵包是經濟生活的基礎。在希伯來世界，是社會的根本，基督教義的支柱。麵包一詞，是聖經中最常出現的字之一。對信仰天主教的歐洲人來說，葡萄酒象徵耶穌的血，麵包則是耶穌的肉。

如今，麵包在歐洲人的生活扮演不可或缺的角色，要歸功一七八九年的法國大革命一役。十八世紀末，法國物資短缺、物價上揚，麵粉供不應求，百姓連賴以維生的麵包都買不起。他們揭竿起義，攻陷巴士底監獄，如此狂瀾加速君王制度瓦解，揭開一個人人平等，有麵包吃的平等世紀，不再是「窮人吃黑麵包，有錢人吃白麵包」的社會。

生活的一環　日常的幸福

麵包之於歐洲人，重要性就像米飯之於台灣人，一碗熱騰騰的米飯，澆上油亮滷肉就是經典家常美味。同樣地，對歐洲人來說，麵包僅簡單地抹上奶油或果醬，就是美好飽足的一餐。

　　做為歐洲人主食的歐式麵包，外表看似質樸無華，透過麵粉、水、酵母如此單純的材料，在不同烘焙製程控制下，變化出各種層次的多樣口感。細細咀嚼，在口中散放小麥淡淡的香氣，幸福感足以撐托身心靈，面對生活的諸多考驗。

遵循食用潛規則　與食材完美搭配

　　歐式麵包的琳瑯滿目，一如它豐富的發展歷程。對歐洲人而言，麵包還是存在一些食用潛規則。如早餐或早午餐經常選擇可頌類麵包，午餐常吃鄉村麵包。晚餐如果邀請親友到家裡聚餐，就會選擇麵糰中加了核桃、葡萄乾等配料的麵包。如果主人準備一些特殊食材，會特別挑選可以搭配的麵包種類，如鵝肝醬搭配無花果乾麵包，生蠔搭配黑裸麥麵包和奶油，藉以展現食材的協調性及慎重的待客之道。

　　眾多麵包種類中，長棍麵包可說是最親民的。法國電影中常出現男女主角拿著長棍麵包走在街頭的畫面，如此的浪漫生活，令人印象深刻。早、午、晚餐都常食用長棍麵包，其價格甚至被視為當地物價的重要指標之一。回顧兩百年前，法國人民高舉長棍麵包的奮力一搏，在兩百年後的今天，人人得以品嚐歐式麵包的幸福滋味，那革命之舉更顯得珍貴。

　　歐式麵包是珠寶盒開店之初最先推出的產品，本章將分享珠寶盒為使大家都能品嚐到天然原味的用心，以及多款麵包食譜。不需要特地造訪法國，也能與道地的法式生活同步，回味記憶中塞納河畔的微風。

歐式麵包，歐洲美好生活的延續

　　台灣受到日本風潮的影響極為深刻，從建築文化到生活，可說是方方面面，就連台灣人的味蕾也很「日式」。回顧十年前，台灣的麵包產業仍以台式及日式麵包為主流，道地的歐式麵包只在少數五星級飯店的餐廳裡才看得到，實為鳳毛麟角。

　　台式及日式麵包皆以鬆軟口感為主，同時，多數是加了各種配料的調理麵包，如蔥花麵包、肉鬆麵包、紅豆麵包等，這些包入各種餡料的麵包，有著讓人期待的爆漿內餡，一口咬下的滿足感，成為許多人兒時記憶的一部分。

　　隨著時代轉變，歐風漸進，台灣大眾的喜好也發生變化，愈來愈多人接觸到歐式麵包，也慢慢習慣這樣的口味。相較於調理麵包的明顯風味，歐式麵包雖然看似較為單調，其實每一種麵糰都有獨特的個性，強調單純、原味的風格，更符合人們逐漸趨向追求健康、自然，講究「養生」的生活態度。

同款麵包　風味也與時俱進

　　與歐洲人以麵包為主食的習慣大不相同，對大部分人來說，麵包還是比較偏向點心類的食物，因此需要一些變化。在珠寶盒，麵包的研發大致有兩種方向：一是傳統風味的精進與提升，另外則是新口味的開發。

　　不論是國內或國外的知名烘焙品牌，技術部門都會不定期進行市調探訪，比較口味的優劣差異。同樣的長棍麵包、同樣的奶油海鹽小餐包，必須思考怎麼讓表面更薄脆，麵包體內部更軟、更有彈性。是不是有品質更好的麵粉、奶油等相關材料可使風味更提升？也就是說，即使是十年來持續製作的同款麵包，風味也是與時俱進的。

當季盛產、季節性食材　引發共鳴

在珠寶盒開發新口味時，食材常常是師傅們靈感的來源，當季盛產、具季節感的食材，最容易引起顧客共鳴。例如二〇一五年夏天，我們推出「檸檬嘉年華」活動，開發了檸檬卡士達布里歐麵包，酸酸甜甜的滋味，讓人在食慾不振的酷暑頓時脾胃大開。除了時令材料，健康取向的食材也是研發的方向之一。例如近來引起關注的健康食品藜麥，以及許多小朋友不喜歡吃的紅蘿蔔，在師傅們的精心研發下，都融入一款款營養與美味兼具的麵包中，透過麵包，展現食材的魔力。

除了選材，節慶當然是必不可少的重點，從年初的情人節到年終的耶誕節，各種以節慶為主題的麵包，不僅要遵循經典古法，也要符合現代需求，每每考驗著師傅們的創意與功力。如義大利傳統耶誕麵包潘娜朵尼，經過長時間發酵的麵糰加上果乾，創造出柑橘果香與麵粉酵母的香氣，獨一無二。

麵包的外型　展現「態度」

　　每個麵包在開發完成時，除了口味，珠寶盒都會同步制定外型的標準，不論是方形、圓形、橢圓形，任何一種造型都要求端正，直線必須直，弧線必須流暢，表面劃刀的角度及長度要盡量一致。這是基本功，也是一種態度，代表對產品的負責及對客人的尊重。

　　麵包外型，就如同人的外在裝扮，就像一個人要見客時，總會端正衣冠的道理，麵包的外型同樣也是決定消費者青睞與否的關鍵。

食材與技術　兩大關鍵決定麵包品質

　　食材與技術是決定食物品質的兩大關鍵，技術靠養成，食材就需要靠不斷地尋找與嘗試了。不管是來自專業供應商的推薦，或是自行尋找的食材，必定要經過反覆的風味與口感測試。除了風味，品質更是需要嚴格把關的環節。

　　以牛奶的使用為例，珠寶盒選擇堅持無添加、無成分調整、單一乳源的在地小農鮮乳，除了讓產品風味及口感更為提升，同時也讓食品的品質與安全更有保障。像這樣與理念相同的優質商品攜手合作，縱使成本較高，也依然是我們的首選，為了品質，絕不妥協。

　　以製作麵包的基本材料，俗稱麵粉的小麥粉來說，每一種麵粉有不同特性，適用的產品也不相同。法國是歐洲第一大農業生產國，麵粉產量行銷到全世界。麵粉由小麥碾碎後過篩而來，內含澱粉與蛋白質，當地生產的準硬質小麥和中間質小麥，磨製出的小麥麵粉所含灰粉較高，粉粒也較粗，可展現麵包風味的層次。

在法國，麵粉依照所含灰粉及麩皮中所含的礦物質成分，分爲幾種型態：低筋麵粉Type 45（灰粉含量少於0.5%，多用於蛋糕甜點），中筋麵粉Type55（灰粉含量0.5-0.6%）、高筋麵粉Type65（灰粉含量0.62-0.75%）、全麥麵粉Type 80（灰粉含量0.75-0.90%）等。

例如廣受消費者喜愛的魔杖麵包，這是一款經典的法式麵包，爲了保有它傳統的風味，珠寶盒選用通過法國嚴格認證，專門製作魔杖麵包的用粉，爲的就是盡力忠實地呈現道道地地的法式風味。除了私心地期望將歐洲美好的生活記憶延續下來，也希望藉此提供消費者全新選擇，並帶來全新的味覺體驗。

大魔杖
Baguette

材　料　日清MK粉100%

鹽2.4%　乾酵母0.3%　魯邦種20%　水65%　麥芽精0.3%

製　作　[麵糰攪拌]

1　粉、水、麥芽精以慢速2分鐘混合攪拌，放至室溫半小時後即可使用。

2　麵糰與魯邦種、乾酵母以慢速2分鐘攪拌，之後加入鹽，再以快速攪拌4
　　分鐘，麵糰溫度約25°C，可拉成薄膜狀即完成。

[基本發酵]

3　室溫基本發酵60分鐘，翻面（3摺2次）再60分鐘。

[分割、整形]

4　分割為每份350克的麵糰，整形成枕頭狀，鬆弛30分鐘後即可整形長棍
　　狀，長度約50公分。

[最後發酵]

5　室溫最後發酵30分鐘。

[烤焙]

6　上火240°C ／ 下火200°C，進爐前表面割六刀，進爐噴蒸氣先烤15分
　　鐘，接著烤盤轉向，關掉上火，再烤7分鐘即可出爐。

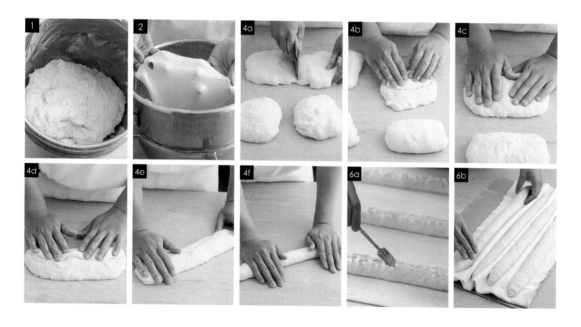

法式核桃
Pain aux Noix

材　料　高筋麵粉70%　低筋麵粉30%　鹽2%　糖5%　乾酵母1%
　　　　酵母液8%　水55%　發酵奶油5%　核桃25%

製　作　[麵糰攪拌]

1　粉狀材料與液態材料放入攪拌缸，以慢速2分鐘，高速3分鐘攪拌均勻。

2　放入奶油，再以慢速2分鐘，高速3分鐘攪拌，麵糰可拉開成薄膜，即可加入核桃拌勻。

[中間發酵]

3　在32°C發酵箱中發酵60分鐘。

[分割、整形]

4　分割為每份400克的麵糰，鬆弛20分鐘後，整形為長條狀。

[最後發酵]

5　放入28°C發酵箱，發酵30分鐘。

[烤焙]

6　進爐前表面撒粉割8刀，上火210°C／下火170°C，進爐噴蒸氣先烤20分鐘，接著轉向，關掉上火，再烤10分鐘。

牛角可頌
Croissant

材　料　昭和CDC麵粉100%　鹽2%　糖10%　新鮮酵母4%　奶油5%
　　　　全蛋10%　鮮奶25%　冰水14%　片狀奶油50%

製　作　［麵糰攪拌］

1　將粉類材料、新鮮酵母、奶油一起攪拌，至奶油打散無大塊狀為止。

2　加入液態材料，以慢速6分鐘攪拌完成後，分割為每份1700克的麵糰，麵糰溫度為24°C。

［基本發酵］

3　常溫基本發酵30分鐘，麵糰壓成長寬4：3的長方形，中間稍薄，包入塑膠袋，冷藏15小時。

［包油摺疊］

4　將麵糰擀成長寬4：3的比例，包入長寬擀成3：2比例的片狀奶油，3摺2次，放入-6°C冷凍鬆弛60分鐘，冷凍完成後再對摺1次。

［分割、整型］

5　麵糰延壓至0.4公分厚，切成底11公分、高20公分的等腰三角形。

6　鬆弛15分鐘，整型捲成牛角可頌型。

［最後發酵］

7　放入28°C發酵箱，發酵90分鐘。

［烤焙］

8　入烤箱前，刷上蛋液，以旋風烤箱180°C烘烤15分鐘。

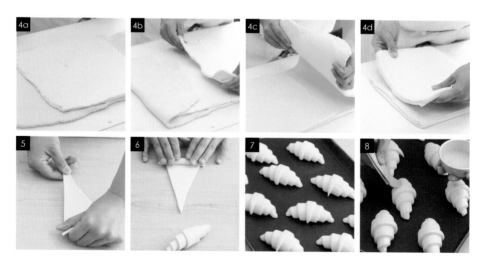

以牛角可頌麵糰爲基礎，還能變化出……

杏仁可頌

1　牛角可頌從側面中間剖開，抹上15克杏仁餡。

2　表面塗抹20克杏仁餡，沾上杏仁片，以旋風烤箱180°C烘烤12分鐘。

巧克力可頌

1　4摺2次可頌麵糰，延壓成厚度0.5公分厚，裁切成長12公分、寬8公分長方形麵糰。

2　鬆弛15分鐘後，整型捲入2支巧克力棒。

3　28°C發酵90分鐘後，表面刷蛋，以旋風烤箱180°C烘烤14分鐘。

法式經典早點　蘊藏熱血愛國心情的麵包

牛角可頌是法國人熱愛的早點，成為法國經典代表。不過，傳說它是起源於奧地利維也納。一六八三年發生維也納戰役，奧斯曼帝國軍隊在夜間偷襲時，被早起的麵包師傅發現，他們拉響全城警報，使偷襲失敗。為了紀念勝利，麵包師傅們把麵包做成號角形狀。一七七〇年，隨著奧地利公主（即後來路易十六的皇后），牛角可頌正式被帶入法國。

法國人將牛角可頌加上酥皮層次的高級技術，成就出法國可頌。麵糰講究結構，要一層奶油、一層麵粉、一層奶油、一層麵粉，才能做出層次，講究奶油香度，且必須不油膩又紮實。

焦糖阿曼

1　4摺2次可頌麵糰，延壓成0.35公分厚，裁切成8.8公分正方形，鬆馳15分鐘後，中間放上3克砂糖，四角往中央對摺成正方形。

2　烤模表面抹上薄薄的奶油後，均勻撒上細砂糖，將麵糰放入烤模中。

3　放入28°C發酵箱，發酵90分鐘。

4　以上火200°C／下火200°C先烤10分鐘，接著烤盤轉向，關掉上火，再烤10分鐘，倒扣出爐。

番茄乳酪可頌

1　4摺2次可頌麵糰，延壓成0.45公分厚，裁切成長9公分、寬6.5公分的長方形，鬆馳15分鐘後，放入28°C發酵箱，發酵90分鐘。

2　於中央壓出凹槽，擠上10克培根起士餡，放上4個對切的半顆小番茄，以180℃烘烤12分鐘，出爐後表面刷迷迭香油。

面具
Fougasse

如海綿充滿彈性　口味變化多端

面具，也稱為葉子麵包，傳統常見於法國南部普羅旺斯－阿爾卑斯－阿摩爾海岸（PACA）等地區。麵糰經過低溫發酵，組織就像海綿一般充滿彈性，獨特處在於形狀扁平且有切口，形狀可任意變化。在麵糰中拌入黑橄欖與義大利香料，表面鑲著美味的油漬番茄、大蒜、橄欖與酸豆等食材，十足南法風味。

材　料　高筋麵粉80%　低筋麵粉20%　鹽2%　糖2%
　　　　　水65%　橄欖油10%　乾酵母1%　義大利香料0.5%

製　作　[麵糰攪拌]

1　粉類、液態材料全部放入攪拌缸，以低速2分鐘、快速6分鐘攪拌，至麵糰完全擴散的狀態。

2　加入義大利香料拌勻，麵糰溫度約為26°C。

[基本發酵]

3　常溫基本發酵30分鐘，翻面再發酵30分鐘。

[分割、整型]

4　分割為每份220克的麵糰，中間包入30克切片橄欖後，鬆弛30分鐘，擀成長橢圓狀。

5　以滾輪刀於麵糰窄邊的其中一端切出直線至1/3處，再切出如葉脈般對稱的斜線刀孔。

6　將麵糰向外拉開後，鋪排在烤盤上。

[最後發酵]

7　放入發酵箱32°C最後發酵30分鐘。

[烤焙]

8　表面抹上橄欖油，上方放置油漬番茄乾、蒜頭、綠橄欖、酸豆等食材，輕壓入麵糰，以上火240°C／下火260°C烘烤。進爐時噴蒸氣，先烤10分鐘，接著烤盤轉向，關掉上火，再烤4分鐘。

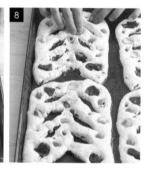

以面具麵糰爲基礎，還能變化出……

福卡加

1　分割爲每份220克的麵糰，最後發酵30分鐘。

2　進爐前表面塗橄欖油，灑上迷迭香葉、粗海鹽，以上火220°C／下火230°C。烘烤進爐前噴蒸汽，先烤10分鐘，轉向，關掉上火再烤4分鐘。

托斯卡尼

1　分割爲每份60克的麵糰，鬆馳20分鐘。

2　麵糰包入油漬蕃茄乾5克，乳酪絲20克，整成圓形，最後放入發酵箱32°C發酵30分鐘。

3　表面以剪刀剪出十字，切口塞入半顆小番茄。

4　以上火230°C／下火240°C，進爐前噴蒸氣，先烤8分鐘，接著烤盤轉向，關掉上火，再烤4分鐘。

野菇福卡加

1　分割爲每份220克的麵糰，鬆弛30分鐘，擀成圓扁形狀，放入發酵箱32°C最後發酵30分鐘。

2　中央微微壓出凹槽，表面抹油，擠上12克薯泥，放上24克炒過的香菇、5克乳酪絲。

3　以上火230°C／下火240°C烘烤。進爐前噴蒸氣，先烤10分鐘，接著烤盤轉向，關掉上火，再烤4分鐘。

拖鞋
Ciabatta

呵護嬰兒般的手藝 考驗揉捏技巧

拖鞋，即義大利文當中的「Ciabatta」巧巴達，為義大利艾米利亞羅馬尼亞區的經典麵包，外型如拖鞋而得名。一九八二年時由阿德里亞的麵包師阿納爾多‧卡爾拉里（Arnaldo Cavallari）研發製作。麵糰以橄欖油取代奶油，含水量高達百分之九十，麵糰非常濕黏，考驗師傅的揉捏技巧。完美的 Ciabatta 麵糰發酵後如同水波般柔軟，義大利人形容為需要如「呵護嬰兒般的手藝」，可見其難度與講究。配合長時間低溫發酵，使麵包結構鬆散多洞，烘烤出外酥內軟、濕潤紮實的口感，搭配多種食材，呈現百變滋味。

材　料　T55 法國麵粉100%　鹽2%　新鮮酵母2%　水76%
橄欖油6%　切片黑橄欖20%

製　作　[麵糰攪拌]

1　T55 法國麵粉、新鮮酵母加水混合，以慢速2分鐘，快速7分鐘攪拌。

2　加入鹽，慢速攪拌1分鐘。

3　加入橄欖油，慢速攪拌4分鐘至麵糰完全吸收橄欖油，快速攪拌4分鐘至麵糰拉起時可適度擴展。

4　分割為每份1860克的麵糰，包入200克切片黑橄欖。

[基本發酵]

5　放入發酵箱32°C 發酵60分鐘，以3摺的方式翻面摺兩次，於常溫鬆弛30分鐘，於3°C冷藏一晚，隔天使用。

[分割、整型]

6　隔日使用時，麵糰回溫30分鐘後，分割為每份500克的麵糰，整形為長方形、長條狀。

[烤焙]

7　以上火240°C／下火200°C烘烤。進爐前表面撒麵粉，噴蒸氣先烤10分鐘，接著烤盤轉向，關掉上火，再烤10分鐘。

鮮奶布里歐
Brioche

材　料　高筋麵粉100%　糖25%　鹽1%　新鮮酵母4%　蛋黃20%
　　　　鮮奶45%　君度橙酒3%　酵母液10%　奶油35%

製　作　[麵糰攪拌]

1　先將蛋黃、鮮奶、君度酒混合，放入冷凍庫，冰到周圍稍微凝結。

2　將粉類、液態材料1放入攪拌缸中，以慢速2分鐘、快速6分鐘攪拌。

3　放入奶油，以慢速3分鐘、快速4分鐘攪拌至麵糰完全擴展，麵糰溫度約
　　為25°C。

[基本發酵]

4　整形圓形麵糰，放入發酵箱28°C發酵120分鐘。

[分割、整型]

5　分割為每份40克的麵糰，鬆弛30分鐘。

6　將麵糰滾圓，放入長條吐司模，一模放入7塊。

[最後發酵]

7　放入發酵箱28°C發酵90分鐘。

[烤焙]

8　以上火170°C／下火230°C烘烤。入烤箱前麵糰表面刷上蛋液，先烤15
　　分鐘，接著烤盤轉向，關掉上火，再烤10分鐘。

以鮮奶布里歐麵糰爲基礎，還能變化出……

獻禮

1　將布里歐麵糰100%、酒漬蔓越梅30%、白葡萄乾30%、酒漬桔皮15%混
　　合拌勻。

2　分割爲每份100克的麵糰，放入冷藏鬆弛20分鐘，整形成長條狀，3條爲
　　一組編辮子，最後放進長條土司模。

3　以28°C進行80分鐘最後發酵。

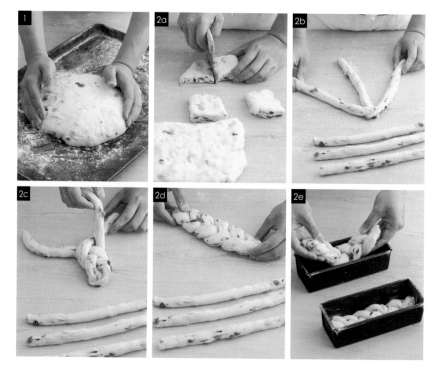

4　上火210°C／下火200°C烘烤，進爐前表面蓋上不沾烤盤布，上方壓兩塊
　　鐵盤，先烤15分鐘，接著烤盤轉向，關掉上火，再烤10分鐘。最後移開
　　上方鐵盤，關掉上火，再烤5分鐘。

5　麵包冷卻後，表面沾上巧克力，兩邊沾杏仁角，上方鋪蔓越梅乾。

蛋糕口感的麵包　皇室鍾愛的奢侈品

「沒有麵包，爲何不吃布里歐？」路易十六王后瑪莉安東妮聽聞麵包短缺時，做出如此天眞
的回應，也反應了皇室對布里歐的鍾愛。「窮極奢華的奢侈品」是迪德羅（Denis Diderot）
《百科全書》的解釋。

布里歐麵糰中會加入大量奶油、糖、牛奶、蛋，質地柔軟，奶油香氣濃郁，如同蛋糕般誘人，
法國人形容爲「像蛋糕的麵包」。材料中不使用任何一滴水，以大量的蛋代替，並含有占麵粉
重量百分之二十以上的奶油。過去在法國，貴族食用的布里歐奶油含量達烘焙百分比七十以
上。平民食用的布里歐，奶油含量在百分之二十以下。對百年前的歐洲人來說，可謂非常奢侈
的麵包。口感特殊，可甜可鹹，百搭不敗。

農夫
Seigle Raisins-Noix

全麥烘焙　質地純樸

農夫麵包口感紮實質樸，以全麥粉製成，長時間發酵。初聞味道平淡，入口咀嚼，麥香撲鼻而來，愈嚼愈可嚐到小麥甜味。製作方式和法國長棍相似，不同在於整型時多一道麵糰塑型手續，特色在於麵包斷面氣孔大。由於麵糰含水量高，烘烤時會產生大氣孔，形成既有彈性又濕潤的麵包體，香氣也保留在氣孔中。

材　料　高筋麵粉90%　T85裸麥粉10%　糖2.5%　鹽2%　乾酵母1%
　　　　　水55%　酵母液10%　酒漬葡萄乾25%　核桃20%

製　作　[麵糰攪拌]
1　粉、酵母、液態材料放入攪拌缸，以慢速2分鐘、快速6分鐘攪拌後，加入酒漬葡萄乾及核桃拌勻，麵糰溫度約為24°C。

[基本發酵]
2　32°C發酵60分鐘。

[分割、整型]
3　分割為每份250克的麵糰，鬆弛20分鐘，整型為枕頭型。

[最後發酵]
4　放入發酵箱32°C發酵40分鐘。

[烤焙]
5　以上火220°C／下火220°C烘烤。進爐前表面撒粉割6刀，噴蒸氣先烤15分鐘，接著烤盤轉向，關掉上火，再烤10分鐘。

波爾多皇冠
Couronne Bordelaise

外型如珍珠項鍊　見證新教徒與天主教徒之爭

法國許多地區都可見到皇冠麵包,不過,製作技術與方法各有不同。事實上,皇冠麵包代表新教徒與天主教派間的對立衝突,天主教派在切開麵包前會劃一個十字,新教徒則反對如此盲目崇拜,而創造出環形麵包。

波爾多皇冠外型有如一條項鍊,以多顆碩大圓麵糰排列爲環狀,表面光滑,會刷上油或蛋汁烤出金黃色澤,質感綿密且麵心結實。

材　　料　高筋麵粉65%　T55法國粉30%　T85裸麥粉5%　杜蘭沙粉10%
　　　　　　鹽1.5%　乾酵母1%　水48%　魯邦種20%　橄欖油10%　酵母液10%

製　　作　[麵糰攪拌]

1　粉類、液態材料放入攪拌缸,以慢速2分鐘、快速6分鐘,攪拌至麵糰完全擴展。麵糰溫度約爲26°C。

[基本發酵]

2　32°C發酵60分鐘。

[分割、整型]

3　分割爲每份40克的麵糰,鬆弛20分鐘。

4　包入10克奶油乳酪,5個爲一組,拼成一圈放在不沾布上。

[最後發酵]

5　放入32°C發酵箱,發酵30分鐘。

[烤焙]

6　以上火220°C / 下火200°C烘烤,進爐前噴大量蒸氣,烤15分鐘,接著烤盤轉向,再烤6分鐘。

奶油維也納
Viennois avec Beurre

法國麵包外型　軟硬兼具

奶油維也納擁有類似法國麵包的外表，口感卻大異其趣，不過硬也不硬韌，為軟式麵包，源自奧地利維也納宮廷，是皇室貴族享用的珍貴麵包。古時，奶油和糖均為稀有昂貴原料，一般平民難以取得，由法國路易十六瑪莉皇后帶進法國，繼而由廚師發揚光大，成為傳統法國麵包中的經典之一。成分有奶油、牛奶、少量的糖，多數會在外層塗覆上薄薄蛋液，特點是使用品質更高的動物性鮮奶油，注重層次表現，呈現紮實無油耗味的口感。

材　料　高筋麵粉100%　糖4%　鹽2%　水30%　鮮奶30%　酵母液12%　奶油6%

製　作　［麵糰攪拌］

1　粉類、液態材料一起放入攪拌盆中，以低速2分鐘、快速6分鐘攪拌至麵糰完全擴展。麵糰溫度約為25℃。

［基本發酵］

2　放入28℃發酵箱，發酵120分鐘。

［分割、整型］

3　分割為每份200克的麵糰，鬆弛30分鐘，整形成長條狀。

［最後發酵］

4　放入28℃發酵箱，發酵90分鐘。

［烤焙］

5　以上火230℃／下火170℃烘烤。麵糰表面割10刀，進爐前大量蒸氣先烤15分鐘，接著烤盤轉向，關掉上火，再烤10分鐘。

6　麵包冷卻後，從側面剖開，抹上20克發酵奶油，撒上20克粗粒砂糖。

起士巧巴達
Ciabatta au formage cheddar

材　料　　昭合CDC粉100%　　鹽2%　　新鮮酵母2%　　水76%

橄欖油6%　　切達起士50%

製　作　　[麵糰攪拌]

1　粉、水、新鮮酵母放入攪拌缸，以慢速3分鐘、快速3分鐘攪拌。

2　加入鹽，慢速攪拌1分鐘。

3　加入橄欖油，慢速攪拌3分鐘至油吸收，再快速攪拌4分鐘至麵糰擴展即可。

4　包覆切達起士丁。

[基本發酵]

5　室溫發酵90分鐘，以三摺方式翻面兩次，靜置經過30分鐘後，在帆布上撒粉，將麵糰放置帆布上鬆弛30分鐘。

[分割、整型]

6　分割爲每份200克的麵糰，整形成正方形。

[最後發酵]

7　室溫最後發酵30分鐘。

[烤焙]

8　以上火220°C／下火220°C烘烤，進爐前表面撒粉，噴蒸氣先烤10分鐘，接著烤盤轉向，關掉上火，再烤5分鐘。

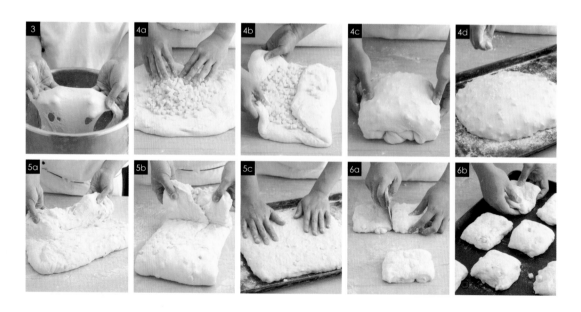

野菇蔬菜麵包

可使用：法式核桃、農夫

1 在各式蔬菜中加入橄欖油、鹽、胡椒攪拌均勻。

2 放入鑄鐵波浪烤盤，以210℃ 烤熟。

3 依個人喜好選擇所要使用的菇類，切成適當厚度，以大火炒熟。

4 麵包切片，在切面均勻抹上白醬，表面平均鋪滿綜合烤蔬菜，再鋪上適量炒熟的菇，接著撒上滿滿的披薩起司絲，入烤箱烤至上色。

湯球

可使用：皇冠

1 火腿與蘑菇切丁炒熟。

2 取皇冠切下的一球，上方1/3處水平切開、取出麵包中的奶油乳酪。

3 將奶油乳酪與白醬、炒熟的火腿與蘑菇混合至滑順，並以鹽和胡椒調味，填入麵包當中。

4 蓋口放上一至二朵水煮綠花椰，撒上披薩起司絲，入烤箱烤至表面上色。

庫克先生三明治

可使用：吐司

1　吐司兩片，抹上白醬，一片放上
　　起司片及火腿片，將另一片蓋
　　上。

2　表面抹上厚厚的白醬、鋪上披薩
　　起司絲，入烤箱以200°C 烤至上
　　色。

蘑菇雞肉白醬口味Tartine

可使用：維也納

1　雞胸加入鹽巴、蒜片、香料醃漬
　　後煮熟，斜切成片狀。

2　蘑菇切片，以大火炒熟。

3　洋蔥順紋切成細絲、慢炒上色成
　　焦糖洋蔥。

4　先將維也納剖半，於切面抹上適
　　量白醬，鋪上焦糖洋蔥絲及蘑菇
　　片。

5　接著均勻擺放雞胸肉片，並在表
　　面抹上白醬。最後撒上披薩起司
　　絲，入烤箱烤至表面上色。

03

◆　●■　boîte de bijou

每一口都是療癒：珠寶盒無可取代之美

十年淬煉，讓隱身在巷弄中的珠寶盒打拋出璀璨光澤，

期待更多的十年，將珠寶盒推向雋永之路。

|珠寶盒法式點心坊甜點主廚　高聖億|

甜點，日常生活的療癒祕方

藝術是感情的傳遞。

——托爾斯泰（Leo Nikolayevich Tolstoy, 1828—1910），俄國小說家、哲學家

甜點之神皮耶·艾曼（Pierre Hermé）如此詮釋，「甜點是香氣、感官與味覺的各種融合變化。它們是視覺的創意、記憶的重現，也是甜點師的夢想與甜蜜幸福的保證。」這段話，道出了甜點的療癒力量。

從教會的祭餅　一躍為宮廷彰顯權力的象徵

今日，美輪美奐的甜點已不僅止於創造味蕾的幸福感，而是時時牽繫著生活每一個時刻。

不過，在甜點起源的中世紀，最初是由聖餐餅製作師傅在教會監督下，製作聖餐儀式的祭餅，是一種不添加酵母的圓形小薄餅。每到節慶時，糕餅才獲准添加蜂蜜與香料。十四世紀，師傅們才獲得製作各種加料麵糰的權利，及創作新糕點樣式的自由。

文藝復興時期，法國糕點有了新的轉折。果醬、糖果及杏仁麵糰出現，法式薑餅、馬卡龍、蛋白糖霜、小泡芙和鮮奶油成為上流社會的新寵，糖取代蜂蜜成為最重要的甜味原料。當時，歐洲宮廷視甜點為表彰權力的媒介，甜點師是宮廷御用，製作蛋糕則極盡精緻高貴。法國大革命

後，御用甜點師被逐出宮廷，甜點從此流入民間，十九世紀中葉後，更成為法國廚藝的重要環節。

　　從甜塔到酒漬蛋糕、千層酥到泡芙等，一道道經典的法式甜點，背後是由近乎精密科學的「製點」所確立。皮耶‧艾曼在《法式甜點傳奇》（Délices）一書揭露，「糕點製作要旨，在於追求各種質地的結合可能，各種味覺元素的協調與均衡，以及視覺與嗅覺上的愉悅感受。」而其中的靈魂角色甜點師傅，就是透過製程，變化出這些精彩甜品的。

療癒力量　安慰人心

　　看到甜點，就使人不自覺愉悅起來。人對於甜味的需求與愛好是天生的，據說是在母體胎兒期間，羊水中含有甜份所致，甜味讓人如回到母親子宮般，感到被保護著，進而成為安慰人心的療癒力量。

　　歷經七百年演變，迄今，發展出豐富多變的甜點饗宴，而法式甜點更等同華麗、精緻、美味的代名詞。本章將介紹珠寶盒甜點研發製作的概念及包裝想像，同時公開店內多款經典慕斯蛋糕配方。

甜點從裡到外的美感因子

　　甜點的創作可視為一種藝術，從製作蛋糕、甜塔、巧克力、馬卡龍、冰淇淋、果醬與各種甜食的過程，職人們在其中傳遞出手打實作的工匠精神。

　　甜點師傅如同藝術家，以創意、大膽、叛逆，創造獨特甜點，勾起人們無限的好奇心與美食慾望，盡可能讓糖變得更輕柔、乳霜更滑順、奶油濃郁不膩、水果層次感淋漓盡致，甚至找尋最好最新的食材，創造甜點的精髓。

決定外型　是完成蛋糕的最後一哩路

　　法國人對美感的追求與品味是相當獨到的,珠寶盒以推廣法式烘焙為職志,從產品設計到包裝的規畫,莫不投注心力在各方面融入美感的因子。

　　品嚐甜點不但是味覺的體驗,也是視覺的享樂,相信是大多數人都認同的。決定蛋糕的外型,是師傅們完成每一款蛋糕的最後一哩路,這最後一哩路或許依據節慶、或許依據主要食材、或許依據傳統來進行發想。

　　例如,情人節蛋糕以心型呈現,可以是俗套,也可以直白得優雅討喜。師傅選擇用沉穩的紅色及細緻的淋面製造華麗大氣感,點綴一片深情的紅玫瑰花瓣,單一的色彩、簡約的線條,卻讓人望之即勾引出心中濃濃愛意。再如廣受歡迎的起司蛋糕,起司最吸引人的,便是香醇的柔滑口感,師傅做出綿密柔軟彷彿雪地般的純淨質感,以無瑕的白色,呼應起司蛋糕純粹、濃郁的風味。

沒有絢麗外型　適度修飾凸顯璀璨光華

　　珠寶盒的甜點或許沒有太過絢麗的外型,但就如同頂級珠寶,經過適度修飾,就是顯現璀璨光華的最好方式。

　　製作法式甜點不僅是成就外在裝飾的細膩度。除了視覺上的美感,內餡口味的搭配也是重要關鍵之一。嚴選優質食材,堅守無任何添加物的原物料,是首要的考量。內心充滿著無限熱情,希望將完美的視覺與味覺組合,呈現給每一位顧客。

雙層禮盒　呈現精巧、比例、質感

「包裝」一直以來都是珠寶盒相當重視的環節，也是法式美感另一面的展現。

為了表現品牌獨特的個性，珠寶盒在開店之初便邀請設計師打造專屬禮盒，一款素雅的白色長方形雙層禮盒，簡單中透露著精巧，除了造型比例及質感細節的講究，白色禮盒當時在市場上幾乎是獨一無二的，顛覆了一般人對禮盒的既定印象，可堆疊式的設計更取得專利，直到現在，依然是珠寶盒最具代表性的設計。

漂亮的緞帶蝴蝶結　傳遞誠意

　　為了讓每一個禮盒都有珠寶盒般精緻珍貴的視覺感受，我們為每一款禮盒挑選專屬搭配的緞帶，由經過訓練的人員依照標準打上漂亮的蝴蝶結，送到客人的手中。在人工昂貴的今天，許多客人就因為這個充滿誠意的蝴蝶結，放棄更多的折扣優惠而選擇我們的禮盒。

　　小小的蝴蝶結不但是對美的堅持，也傳遞著我們對客人的一份祝福，還有無盡誠意。

紅椒巧克力

Mousse de Poivron Rouge

模　具　直徑14.7公分、高7.5公分皇冠形

材　料　[檸檬達克瓦茲]

A—蛋白250克　砂糖90克

檸檬皮屑2顆

B—杏仁粉150克　糖粉180克　低筋麵粉50克

[榛果脆片]

A—牛奶巧克力36%280克　無糖榛果醬588克

巴芮脆片532克

[糖漬紅椒佐紅椒草莓果凍]

A—水550克　砂糖440克

新鮮紅椒2顆

B—紅椒果泥143克　草莓果泥143克　葡萄糖漿38克　轉化糖漿18克

C—砂糖38克　NH果膠6克

（預備直徑9.5公分、高2公分矽膠圓模）

[馬斯卡邦奶醬]

鮮奶油125克　馬斯卡邦起司375克

A—鮮奶油75克　香草莢1根

B—蛋黃60克　砂糖70克

吉利丁粉5克　水25克

[紅椒覆盆子奶油餡]

A—紅椒果泥150克　覆盆子果泥90克

B—全蛋150克　砂糖100克

吉利丁粉3克　水15克　奶油225克

[65%巧克力慕斯]

鮮奶油500克　牛奶250克　65%巧克力310克　吉利丁粉4克　水20克

製　作　[檸檬達克瓦茲]

1　A混合打至全發。

2　將檸檬皮屑及過篩的B一邊加入1中，一邊攪拌均勻。

3　麵糊拌勻後，填入擠花袋中，擠出直徑12.5公分的圓形，再以上火180°C／下火180°C烘烤約30分鐘。

[榛果脆片]

1　將A一起隔水加熱至融化。

2　加入巴芮脆片拌勻。

3　拿取適量榛果脆片鋪在兩張塑膠墊之間，以擀麵棍壓至0.5公分厚，放入冷凍庫中。

4　冷凍至凝固後，以圓模壓成直徑12.5公分的圓片備用。

[糖漬紅椒佐紅椒草莓果凍]

1　新鮮紅椒去皮後，切成細絲狀。

2　將A煮沸，倒入紅椒絲，以中火煮約10分鐘，熄火放涼。

3　鋪上保鮮膜，冷藏浸漬一晚，即成為糖漬紅椒。

4　將B放入厚底鍋中加熱至40°C，再一邊倒入混合的C，一邊以打蛋器拌勻，持續加熱，沸騰1分鐘後離火，即為紅椒草莓果凍。

5　將果凍倒入矽膠模中約至1/2滿，撒入適量的糖漬紅椒丁，放入冷凍庫中備用。

[馬斯卡邦奶醬]

1   將吉利丁粉與水混合靜置還原為凍狀。

2   鮮奶油打至7分發,冷藏備用。馬斯卡邦起司以打蛋器攪拌至滑順。

3   A煮沸,靜置4～5分鐘後,倒入混和好的B中攪拌。

4   將B隔水加熱至85°C,再加入已還原的吉利丁拌勻。

5   馬斯卡邦起司倒入B,攪拌均勻至完全沒有顆粒。接著加入打發鮮奶油拌
      勻。

6   灌入已冷凍凝固的紅椒草莓凍上層,填滿矽膠模,冷凍備用。

[紅椒覆盆子奶油餡]

1　將吉利丁粉與水混合靜置還原爲凍狀。

2　將 A 微波至融化，加入混合好的 B 中攪拌。

3　接著隔水加熱至85°C，加入已還原的吉利丁拌勻。

4　降溫至40°C，再一點一點地加入軟化奶油拌勻，以均質機乳化。

5　灌入矽膠模中冷凍備用。

[65％巧克力慕斯]

1　將吉利丁粉與水混合靜置還原爲凍狀。

2　鮮奶油打至7分發，冷藏備用。

3　牛奶煮沸，離火後加入已還原的吉利丁拌勻，降溫至45～50°C。

4　將巧克力隔水加熱至半融，一邊倒入2，一邊攪拌，再以均質機乳化。

5　先取一部分打發鮮奶油與巧克力混合物拌勻，輕輕攪拌。

6　攪拌至與打發鮮奶油的濃稠度大約一致，加入剩餘的鮮奶油，以刮刀混合均勻。

組　裝　1　巧克力慕斯倒入模中至5分滿，依序放入紅椒覆盆子餡、紅椒草莓凍與馬斯卡邦奶醬、榛果脆片。每放入一層夾餡，均需倒入薄薄一層慕斯抹平後，再放入下一層。

　　　　2　接著將巧克力慕斯倒入填滿模具，輕輕放入達克瓦茲壓平。

　　　　3　以抹刀抹平表面的巧克力慕斯後，放入冷凍庫靜置。

裝　飾　1　將已冷凍的慕斯脫模，放置烤盤上，表面噴飾紅色巧克力噴液。

　　　　2　於慕斯周圍放上巧克力飾片。

獅子心
Lion Heart

模　具　　直徑15公分6吋圓形框模

材　料　　[可可布列餅乾]
A──奶油200克　糖粉135克　海鹽1克
蛋黃65克
B──杏仁粉65克　低筋麵粉335克　泡打粉6克　可可粉35克

[巧克力蛋糕體]
A──58%巧克力240克　奶油280克
B──蛋白335克　砂糖320克
蛋黃10個
C──可可粉80克　玉米粉137克　泡打粉3克

[白蘭地酒糖液]
白蘭地34.5克　30° 糖水21克

[白蘭地酒漬龍眼脆片]
A──奶油30克　41%牛奶巧克力70克
B──有糖榛果醬120克　無糖榛果醬120克
酒漬龍眼乾200克（龍眼乾：白蘭地=3：1）　巴芮脆片120克

[番茄草莓果餡]
糖漬番茄適量（材料、製作方式請見182頁糖漬番茄）
A──草莓果泥79克　番茄原汁40克　番茄糊40克
　　葡萄糖漿21克　轉化糖漿10g
B──砂糖21克　NH果膠4克

[牛奶巧克力慕斯]
鮮奶油1000克　牛奶500克　吉利丁粉10克　水50克
A──46%牛奶巧克力327克　40%牛奶巧克力327克

[牛奶巧克力淋面]
A──水85克　砂糖150克
葡萄糖漿100克
B──脫脂奶粉50克　溫水80克
吉利丁粉8克　水40克　41%巧克力175克

製　作　[可可布列餅乾]

1　將A以槳狀攪拌器拌勻,再慢慢加入蛋黃乳化。

2　粉類過篩,加入1中拌勻,接著把麵糰放入塑膠袋中壓成扁平塊狀,冷藏一晚鬆弛備用。

3　將2切成易操作的大小,以麵棍擀成厚度6公釐的麵皮,再以5吋圓模壓成一個個圓片。

4　圓餅放在鋪了有孔矽膠墊的烤盤上,將5吋圓模內側一一塗上薄薄一層奶油,框住圓餅。

5　以上火170°C / 下火170°C烤20～25分鐘,直到中心完全熟透,出爐放涼後,即可脫模備用。

[白蘭地酒糖液]

1　砂糖和熱水以13：10的比例放入鍋中,煮至砂糖溶化。

2　在糖水中加入白蘭地,混合均勻後備用。

[巧克力蛋糕體]

1　將A隔水加熱至融化。

2　將B以球狀攪拌器攪打至7分發,再加入蛋黃打勻。

3　C過篩加入2,以刮板輕輕拌勻攪拌,最後再將1加入拌勻。

4　將麵糊倒入底部包上錫箔紙的5吋慕斯圈中,一份重量約250克,以上火180°C / 下火180°C烤30～40分鐘,直到中心完全熟透,出爐放涼即可脫模。

5　蛋糕剖切為厚度約1公分的圓片備用,一模可切出4片。

6　切片的巧克力蛋糕體兩面沾附白蘭地酒糖液,放入冷凍庫中備用。

[白蘭地酒漬龍眼脆片]

1　A以微波或隔水方式融化，再加入 B 拌勻。

2　將酒漬龍眼乾以食物處理機打至細碎，加入1中。

3　芭芮脆片加入2中，以刮刀將全部材料攪拌均勻。

4　取適量龍眼脆片鋪在兩張塑膠袋之間，以壓麵機或丹麥機壓至6公釐厚，
　　再以5吋模壓成圓片，放入冷凍庫中冰硬備用。

[番茄草莓果餡]

1　糖漬番茄的水分瀝乾，放在鋪有網架及有孔矽膠墊的烤盤，以100°C烘
　　烤約15分鐘至表面乾燥，再放入冷凍庫中冰硬備用。

2　將 A 放入銅鍋中煮至40°C，B 混拌均勻後倒入 A 中，再煮沸1分鐘，即可
　　離火。

3　將冰硬的糖漬番茄對半切開備用。

4　將2灌入直徑12.5公分的矽膠圓模中，每個重量100克。

5　分散放入60克的糖漬番茄塊，冰回冷凍庫中備用。

[牛奶巧克力慕斯]

1　將吉利丁粉與水混合靜置還原為凍狀。

2　鮮奶油打至7分發，冷藏備用。

3　牛奶煮沸，加入吉利丁拌勻。

4　分次倒入巧克力中乳化，乳化完畢後，將整體溫度降至45～50°C。

5　先取一部分打發鮮奶油與巧克力混合物拌勻，輕輕攪拌至與打發鮮奶油濃
　　稠度大約一致。

6　加入剩餘鮮奶油，以刮刀混合均勻。

［牛奶巧克力淋面］

1　將吉利丁粉與水混合靜置還原爲凍狀。

2　將 A 以厚底鍋煮至108°C，B 以打蛋器攪拌均勻。

3　將2的兩者混合，加入吉利丁拌勻。

4　將3沖入巧克力中，以均質機打至質地光滑柔亮的狀態，倒入容器，以保
　　鮮膜覆蓋住表面，冷藏一晚備用。

組　裝　1　6吋慕斯模底部包上保鮮膜，放在鋪了紙的木板上。

　　　　　2　在模中依序放入可可布列餅乾、巧克力蛋糕、龍眼脆片、草莓番茄果餡。
　　　　　　每放入一層夾餡，均需倒入薄薄一層慕斯抹平後，再放入下一層。

　　　　　3　倒入牛奶巧克力慕斯至填滿。

　　　　　4　最後以抹刀刮平表面，放入冷凍庫中冰至完全凝固備用。

<table>
<tr><td>裝　飾</td><td>1</td><td>從冷凍庫中取出慕斯，以噴槍脫模，放於網架上，再放回冷凍庫冷凍備用。</td></tr>
</table>

装　飾　1　從冷凍庫中取出慕斯，以噴槍脫模，放於網架上，再放回冷凍庫冷凍備用。

2　將巧克力鏡面微波至約27°C，再以均質機打至質地光滑柔亮的狀態。

3　於慕斯表面輕輕地以手指的溫度磨去一點點稜角，淋上一層鏡面，再以抹刀輕輕抹平表面，冷藏5分鐘左右使淋面定型。

4　最後於四周及表面裝飾上巧克力飾片。

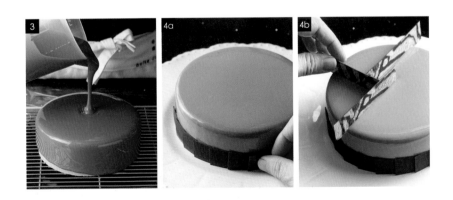

麥卡倫
Macallan

融入麥卡倫十二年威士忌　苦甜交錯的人生味道

麥卡倫蛋糕，有著巧克力蛋糕外型，內涵豐富，是使用英國麥卡倫酒廠十二年的威士忌酒浸泡蛋糕體，再加上黑巧克力製作而成，巧克力裡有濃濃的威士忌酒味。多層蛋糕體和多層巧克力堆疊，再加上酒香，苦甜交錯，如同人生的味道，是珠寶盒法式點心坊令人回味再三的經典點心。

材　料　[巧克力甘納許]

64%巧克力976克　70%巧克力245克　動物鮮奶油427克　牛奶427克
葡萄糖漿114克　威士忌300克　奶油196克

[巧克力蛋糕]

全蛋303克　細砂糖189克　轉化糖9克　低筋麵粉113克
玉米粉38克　可可粉30克　奶油58克

[酒糖水]

細砂糖390克　水300克　威士忌500克

[巧克力鏡面]

A—葡萄糖漿100克　砂糖375克

30° 糖水210克（製作方式請見116頁，白蘭地酒糖液步驟1）

鮮奶油150克

B—可可粉150克　熱水300克

吉利丁粉27克　水135克

製　作　[巧克力甘納許]

1　64%巧克力、70%巧克力放入容器。

2　牛奶、動物鮮奶油、葡萄糖漿加熱煮沸，分次倒入1中乳化拌勻。

3　將2降溫至40°C，加入奶油以手持調理機均質。

4　威士忌酒加入均質。

[巧克力蛋糕]

1　全蛋、細砂糖、轉化糖隔水回溫後，再放入攪拌機打發至8分發，用慢速打1〜2分鐘，將多餘空氣排出。

2　過篩好的低筋麵粉、玉米粉、可可粉倒入1拌勻，最後倒入已融化的奶油拌勻。

3　倒入60×40公分的烤盤中，一盤約720公克，用抹刀抹平，以上火180°C／下火180°C烘烤約13〜15分鐘。

[酒糖水]

細砂糖及水煮沸，放涼後加入威士忌酒。

[巧克力鏡面]

1　將吉利丁粉與水混合靜置還原爲凍狀。

2　將A煮滾，B以打蛋器確實混合均勻，接著將A與B混合。

3　加入吉利丁，以均質機打至質地光滑柔亮的狀態，倒入容器中，以保鮮膜覆蓋，冷藏一晚備用。

組　裝	1	準備長42公分、寬32公分、高6公分長方形框模。
	2	將蛋糕裁切符合框模大小的片狀，框模內放入第一層蛋糕體，刷上酒糖水290克，倒入一層巧克力甘納許850克。
	3	接著放入第二層蛋糕體，刷上酒糖水408克，倒入第二層巧克力甘納許850克。
	4	放入最後一層蛋糕體，刷酒糖水432克，倒入第三層巧克力甘納許850克，以抹刀抹平表面冰入冷藏。

裝　飾	1	取出後將蛋糕脫模，將蛋糕裁切為寬8公分的長條形，置於網架上。
	2	巧克力鏡面微波至30°C，均質後淋上蛋糕，將表面多餘的鏡面刮除抹平。
	3	冷藏靜置10～20分鐘，待表面凝固穩定後，再將蛋糕切成寬3公分大小。
	4	兩側貼上巧克力片，表面裝飾金箔。

三重奏
Mousse aux Trois Chocolats

材　料　[巧克力蛋糕體]（55.5公分×36公分一盤）

A──全蛋317克　蛋黃83克　砂糖189克

蛋白168克　砂糖81克

B──牛奶30克　奶油30克

（以直徑4.7公分圓形壓模壓製，一盤可製作出70片）

C──可可粉134克

[杏仁可可糖片]

A──奶油120克　蜂蜜80克　葡萄糖漿60克　砂糖80克　鮮奶油20克

B──可可粉16克　海鹽少許

可可豆碎80克

杏仁角80克（先以160°C烤10分鐘後，放涼備用）

（預備直徑3.8公分、高2公分圓柱矽膠模，可製作153份，一份3.5克）

[榛果奶餡]

鮮奶油245克

B──蛋黃50克　砂糖24克

吉利丁粉2克　水10克　無糖榛果醬100克　榛果酒30克

（預備直徑3.8公分、高2公分圓柱矽膠模，可製作22份，一份18克）

[熱帶水果餡]

A──鳳梨果泥125克　柑橘果泥125克

葡萄糖漿17.5克

砂糖22.5克　NH果膠6克

（預備直徑3.8公分、高2公分圓柱矽膠模，可製作36份，一份8克）

[68%巧克力慕斯]

牛奶450克　吉利丁粉10克　水50克　68%巧克力520克　鮮奶油900克

（預備直徑5.5公分、高5公分圓柱模，可製作18～19份）

[巧克力鏡面]

材料請見120頁

表面裝飾　[巧克力蛋糕體]

食用銀珠　食用金粉（加入適量食用酒精調和）　黑巧克力飾片

製　作　[巧克力蛋糕體]

1　將A打發至泛白備用。

2　蛋白打至起泡，砂糖分3次加入，打至7分發。

3　將B以微波或隔水的方式加熱至50°C。

4　在1中加入一半的打發蛋白，輕輕翻拌，接著一邊倒入可可粉，一邊攪拌均勻。

5　一邊將3緩緩加入4當中，一邊拌勻之後，再加進剩餘的蛋白攪拌。

6　將995克的麵糊倒入鋪了烤盤紙的烤盤中，稍微抹平表面。

7　以200°C／下火200°C烘烤12分鐘至完全熟透，即可出爐散熱，再放置於冷凍庫中冰硬。

8　冰硬的蛋糕體以模具壓成直徑4.7公分的圓片狀，再放回冷凍庫中備用。

用巧思創新可可風貌　迎接巧克力蛋糕新時代

歷史上第一個巧克力蛋糕，出現在一八三二年的奧地利維也納，由奧國政治家梅特涅的專屬主廚佛朗茲‧薩赫所製作。薩赫蛋糕（Sachertorte）由兩片巧克力海綿蛋糕組成，中間夾上杏桃果醬，最後在外層裹上巧克力糖霜。

此後，巧克力甜點陸續發展，如巧克力甘納許、巧克力慕斯、巧克力糖霜，甜點師發揮無盡創意，將來自中南美洲的可可予以創新變化，加入香料或是以水果增添酸甜，讓巧克力更爲迷人。二十世紀，陸續出現經典巧克力蛋糕，一九五五年甜點師希利亞克‧賈維隆製作出歐培拉（Opera），一九六〇年代賈斯東‧勒諾特製作出秋葉巧克力蛋糕（Feuille d'automne），首度呈現飛舞的質地與美感，開啓巧克力蛋糕的藝術新時代。

[杏仁可可糖片]

1　將 A 放入厚底鍋中煮滾，再倒入 B 以打蛋器拌勻。

2　可可豆和杏仁角一起放入1中，攪拌拌勻。

3　準備直徑3.8公分的圓柱體矽膠模，填入1/2小匙的杏仁可可糖，以165°C 烤8分鐘，接著將烤盤轉向，再烤7分鐘左右即可出爐。

4　放涼至室溫後即可脫模，放入冷凍庫中冰硬備用。

[榛果奶餡]

1　將吉利丁粉與水混合靜置還原為凍狀。

2　鮮奶油煮沸。B 以打蛋器拌勻後，一邊倒入鮮奶油，一邊攪拌，隔水加熱煮至85°C。

3　加入吉利丁及榛果醬混拌均勻。

4　以均質機攪打至質地呈現光滑柔順的狀態後，降至室溫，加入榛果酒拌勻。

5　在矽膠模中灌入榛果餡，放入冷凍庫冰硬備用。

[熱帶水果餡]

1　將A微波至融化，再與葡萄糖漿一起放入厚底鍋中煮至40°C。

2　砂糖與NH果膠混合，一邊倒入1中，一邊以打蛋器攪拌。

3　煮沸後，放涼降溫至室溫，再倒入榛果奶餡上方，填滿膠膜，放回冷凍庫中備用。

[68%巧克力慕斯]

1　將吉利丁粉與水混合靜置還原為凍狀。

2　鮮奶油打至7分發，冷藏備用。

3　牛奶煮沸，加入吉利丁拌勻。

4　將3分次倒入巧克力中乳化。乳化完畢後，將整體溫度降至45～50°C。

5　取一部分巧克力混合物，倒入打發鮮奶油中拌勻。

6　攪拌至與打發鮮奶油的濃稠度大約一致，即可倒回剩餘巧克力混合物中，以刮刀混合均勻。

[巧克力鏡面]
製作步驟請見122頁

組　裝　1　慕斯圈模排列在矽膠墊上，填入巧克力慕斯約至6分滿。

　　　　2　放入一顆榛果熱帶餡，再填入薄薄一層慕斯，放進杏仁可可糖片。

　　　　3　將慕斯補到8分滿，放入巧克力蛋糕體。

　　　　4　表面以小抹刀刮平表面，置於冷凍庫中冰至完全凝固備用。

裝　飾　1　從冷凍庫中取出慕斯，以噴槍脫模，放於網架上，再放回冷凍庫中備用。

　　　　2　取出適量的巧克力鏡面，微波至半融，再以均質機打至質地光滑柔亮的狀
　　　　　　態（溫度大約30°C）。

　　　　3　於慕斯的表面輕輕地以手指溫度磨去一點點稜角，淋上一層巧克力鏡面，
　　　　　　冷藏5分鐘左右使淋面定型。

　　　　4　慕斯底部周圍圍上一圈食用銀珠或開心果碎粒，以小刀劃上金色線條，表
　　　　　　面裝飾上巧克力飾片。

柚滋
Tarte au Yuzu

材　料　［柚子慕斯］

牛奶222克　白巧克力406克　柚子汁176克　動物鮮奶油776克
吉利丁粉13克　水65克 _{（可製作80份，一份約20克）}

［馬斯卡邦牛巧甘納許］

動物鮮奶油100克　馬斯卡邦起司310克　36%牛奶巧克力310克
（可製作38份，一份約18克）

［柚子果醬］

柚子汁600克　細砂糖310克　NH果膠17克　細砂糖100克
吉利丁粉6克　水30克

［榛果脆片］

36%牛奶巧克力80克　100%榛果醬168克　芭芮脆片152克
（可製作35片，一片約11克）

［柚子鮮奶油］

動物鮮奶油250克　細砂糖15克　馬斯卡邦起司75克　柚子汁25克
吉利丁粉2.5克　水12.5克

［柚子淋面］

杏桃果膠100克　柚子汁100克　水100克　鏡面果膠500克　黃色色粉0.2克

［白巧克力飾片］
白巧克力適量

［杏仁塔皮］

A——奶油288克　鹽4.8克　糖粉216克　低筋麵粉144克
全蛋120克
B——低筋麵粉420克　杏仁粉72克
（可製作63份，一份約20克）

［刷塔殼用白巧克力］

白巧克力100克　可可脂20克

製　作　[柚子慕斯]

1　動物鮮奶油打至6～7分發備用。

2　將吉利丁粉與水混合靜置還原為凍狀。

3　牛奶煮沸，將吉利丁加入溶解。

4　將3沖入白巧克力乳化，以手持調理機調理至滑順狀。

5　柚子汁倒入4拌勻，將溫度升至30～35°C。

6　加入打發的鮮奶油，輕輕拌勻。

7　灌入慕斯模中，以抹刀抹平表面，放入冷凍庫。

[馬斯卡邦牛巧甘納許]

1　動物鮮奶油和馬斯卡邦起司加熱煮沸。

2　牛奶巧克力放入鋼盆，隔水加熱至半融解，將1沖入乳化拌勻，以手持調理機調理至光滑乳霜狀，放入容器冷藏一晚。

[柚子果醬]

1　將吉利丁粉與水混合靜置還原爲凍狀。

2　NH果膠和細砂糖100克混拌均勻。

3　柚子汁、細砂糖310克加熱煮至40°C，將2緩緩加入拌勻煮沸後，加入吉利丁溶解拌勻，倒入容器中冷藏一晚備用。

[榛果脆片]

1　準備兩張矽膠墊、擀麵棍。

2　牛奶巧克力隔水加熱融化，再倒入榛果醬拌勻，接著倒入巴芮脆片拌勻。

3　將2倒在一張矽膠墊上，以抹刀抹勻表面。

4　蓋上另一張矽膠墊，使用擀麵棍擀平至0.4公分厚，冷凍至凝固成型，再使用直徑5公分的圓型壓模壓出圓片，冷凍備用。

[柚子鮮奶油]

1　將吉利丁粉與水混合靜置還原爲凍狀。

2　動物鮮奶油、細砂糖、馬斯卡邦加熱煮沸。

3　吉利丁加入溶解後，將柚子汁倒入，以手持調理機調理至均勻，放入容器冷藏一晚備用。

[柚子淋面]

杏桃果膠、柚子汁、水放入鍋中煮沸後，倒入鏡面果膠、黃色色粉均質拌勻。

[白巧克力飾片]

1　備一張塑膠片，將白巧克力調溫後倒上，以抹刀抹成薄片。

2　凝固後，切割成長寬各6.5公分的方形，將巧克力片壓平，放入溫度15～16°C、濕度50～60的冰箱冷藏備用。

[杏仁塔皮]

1　將所有粉類過篩。

2　將A一起放入攪拌缸內以槳狀攪拌器低速混拌均勻。蛋分三次加入，確實乳化，以手持刮板稍作翻攪。

3　分兩次加入B，攪拌至不黏手的狀態，再以手持刮板稍微翻攪。

4　麵糰裝入塑膠袋中，以麵棍稍擀壓至平整，放入冰箱冷藏一晚。

5　取出冷藏一晚的麵糰，擀壓至2.5公釐厚，以叉子在麵皮上刺出小洞，壓成一個個小圓片。

6　塔皮填入塔模中，並確實將塔皮與塔模間的空氣壓出，冷藏鬆弛至少1小時。

7　削去高出塔模邊緣的塔皮，倒入重石，以上火170°C／下火170°C，烘烤20～25分鐘，直到表面呈現金黃色澤，塔殼確實上色即可出爐。

8　塔殼冷卻至常溫即可脫模備用。

[刷塔殼用白巧克力]

將白巧克力和可可脂融化，塗抹在塔殼內側，以防塔殼受潮。

誕生於中世紀的甜塔　簡單的幸福感

塔，tarte一詞意謂「精緻輕巧」，在中世紀就出現，是一位聰明的麵包師傅，在麵糰中拌入一點奶油做成塔皮，再用水果入餡製作出來的。

歷經百年，甜塔的基礎沒有重大改變，油酥麵糰、沙狀麵糰、千層油酥麵糰等，搭配各種食材或季節水果。鄉村甜塔以厚塔皮與厚切水果展現樸實質感，或是將蘋果切片浸糖熬煮成果香焦糖層，展現優雅細緻的蘋果塔。今日，最知名的就是法國的翻轉蘋果塔（tatin）。而檸檬塔以檸檬果膠呈現漂亮的鏡面感，讓口感層次細膩。甜塔也成為師傅們展現多樣技巧，呈現如同花團錦簇般美景的藝術傑作。

組 裝　1　取出柚子慕斯放置於網架上，在表面均勻淋上柚子淋面後備用。

　　　　2　馬斯卡邦牛巧甘納許微波溶解，倒入少許量至塔殼中。

　　　　3　取出冷凍的榛果脆片壓成圓片放入，壓平。

　　　　4　倒入甘納許至塔殼9分滿，輕敲出空氣後冷凍。

　　　　5　冷凍至表面凝結，即可取出抹上約5克柚子果醬，將白巧克力片放置在表面。

　　　　6　將柚子慕斯放置於白巧克力片上。

裝 飾　1　柚子鮮奶油打發至8分發，在柚子慕斯左上角擠上柚子鮮奶油。

　　　　2　最後放上巧克力飾片。

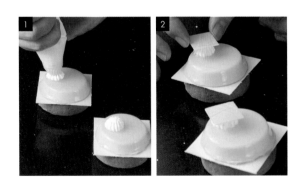

遇見西西里

Mousse Framboise
Pistache

果醬，國王的享受 豐富甜點質地

在九世紀糖出現之前，果醬自古以來都作爲點心使用，以蜂蜜、無花果、葡萄等香甜水果製成。法國路易十三是甜點專家，他親自在羅浮宮廚房製作果醬，其子路易十四在王室宴會中，常以放在大銀盆中的柑橘醬爲宴會結束時的點心，溫室還培育用來做果醬的鳳梨。而一直到十九世紀，才開始以果醬裝飾甜點與蛋糕。

材 料　[開心果慕斯]

純開心果醬47克　開心果醬10克　動物鮮奶油326克　蛋黃65克

砂糖71克　馬斯卡邦起司145克　吉利丁粉5克　水25克　動物鮮奶油100克

（預備直徑5.5公分、高5公分圓柱模）

[覆盆子餡]

覆盆子果泥223克　葡萄糖漿10克　轉化糖漿23克

細砂糖22克　NH果膠5克

（預備直徑3.8公分、高2公分圓柱矽膠模，可製作23份，一份12克）

[杏桃果醬]

冷凍杏桃果粒460克　杏桃果泥160克　細砂糖70克

馬達加斯加香草莢1條　玉米粉7克　水16克　吉利丁粉5克　水25克

（預備直徑3.8公分、高2公分圓柱矽膠模，可製作52份，一份14克）

[杏仁海綿蛋糕]（60公分×40公分一盤630克）

杏仁粉120克　糖粉70克　蛋白Ⅰ16克　玉米粉13克　全蛋70克

蛋白Ⅱ25克　細砂糖7克　奶油56克

（以直徑3.8公分圓形壓模壓製，一盤可製作出100片）

[酸櫻桃果醬]

冷凍酸櫻桃1000克　細砂糖Ⅰ387克　蘋果果膠11.7克

細砂糖Ⅱ107克　肉桂粉3.3克

[開心果淋面]

開心果醬12克　鏡面果膠500克　杏桃果膠100克　水200克

遇見西西里 *Mousse Framboise Pistache*

製　作 ［開心果慕斯］

1　將吉利丁粉與水混合靜置還原爲凍狀。

2　動物鮮奶油100克打發至6～7分發備用。

3　蛋黃、細砂糖放入鋼盆用打蛋器攪拌，加入純開心果醬和開心果醬拌勻。

4　鮮奶油326克加熱煮滾沖入3中，隔水加熱。

5　開心果蛋奶醬升溫至83°C，拌勻離火後加入吉利丁攪拌至溶解。

6　馬斯卡邦起司加入攪拌均勻，用手持調理機調理至光滑柔順狀，降溫至35～40°C。

7　將已打發的鮮奶油分兩次加入拌勻。

[覆盆子餡]

1 　細砂糖和NH果膠事先混合。

2 　覆盆子果泥、葡萄糖漿、轉化糖漿放入煮鍋加熱至40°C，將1緩緩加入
　　拌勻，以中火煮沸拌勻後離火。

3 　隔冰水降溫致溫涼狀態，填入模具約3分滿後冷凍備用。

[杏桃果醬]

1 　將吉利丁粉與水混合靜置還原爲凍狀。

2 　冷凍杏桃果粒切成小丁狀，取1/2的量和杏桃果泥、細砂糖、香草莢放入
　　煮鍋加熱。

3 　2煮至沸騰後，將玉米粉和水混合，緩緩倒入拌勻。

4 　繼續煮至沸騰後離火，吉利丁加入溶解，再加入剩餘的杏桃丁拌勻。

5 　放入冷凍過的覆盆子餡上方填滿矽膠模，再急速冷凍。

[杏仁海綿蛋糕]

1　奶油融化,加熱至50～60°C,烤箱預熱至上火220°C / 下火220°C。

2　杏仁粉、糖粉、蛋白Ⅰ、玉米粉、全蛋、放入攪拌缸,以球狀攪拌器打發至泛白。

3　蛋白Ⅱ打發至起泡,分2～3次下細砂糖,打至7分發。

4　將1/3的打發蛋白加入2,拌勻後依序加入融化的奶油拌勻,再將剩下2/3的蛋白加入拌勻。

5　倒入烤盤抹平,進入已預熱的烤箱烘烤7分鐘左右。

[酸櫻桃果醬]

1　冷凍酸櫻桃和細砂糖Ⅰ拌勻,放置一晚備用。

2　使用時,以用手持調理機打碎,再加熱至40°C。

3　倒入混合的蘋果果膠和細砂糖攪拌均勻,煮至100～103°C,離火加入肉桂粉拌勻。

[開心果淋面]

1　杏桃果膠和水煮沸。

2　開心果醬和鏡面果膠放入鋼盆,將1沖入拌勻。

3　以手持調理機調理至滑順狀後,即可裝入容器冷藏備用。

組　裝　1　於慕斯圈模底部包覆一層保鮮膜備用。

2　烤好的蛋糕冷卻後，以預備好的直徑3.8公分圈模壓製出圓片備用。

3　拌好的開心果慕斯倒入圓形圈模至7分滿，稍微敲出空氣。

4　冷凍過的杏桃果醬和覆盆子餡凍壓入開心果慕斯裡。壓入時，要在置中的位置勿壓到底部。

5　繼續填入少許開心果慕斯至9分滿。

6　蛋糕表面塗抹約2～3克酸櫻桃果醬，抹上果醬的一邊朝下壓進慕斯至與圈模等高，再以抹刀將邊緣多餘的慕斯抹掉，放入冷凍庫。

裝　飾　1　開心果淋面從冷藏取出，微波至常溫。

2　將冷凍的開心果慕斯取出，脫模置於網架上。開心果淋面淋上慕斯，以抹刀將表面抹平。

3　慕斯底部周圍圍上一圈開心果碎粒，再以棉花糖、覆盆子裝飾於表面。

蒙布朗
Mont Blanc

灑著白色糖粉　如白雪皚皚的山峰

外貌似布朗峰的蒙布朗栗子蛋糕，是法國經典甜點。據說，蒙布朗最早源於二十世紀初創立的巴黎老店天使（Angelina）咖啡館。蒙布朗 Mont Blanc，Mont 是山、Blanc 的是白的意思，Mont Blanc 就是雪白的山峰，蒙布朗上層灑著白色糖粉，白雪皚皚的山峰而得名。

傳統蒙布朗底座是蛋白糖霜，相當甜，以酥脆蛋白餅為底，中間是鬆軟的蛋白糖霜，上層是綿密的栗子奶油泥，會在頂端裝飾一顆栗子，最後灑上糖粉襯托出精緻感，如此多層次口感，獲得許多人喜愛。

材　料　[杏仁卡士達塔]

A──奶油250克　糖粉250克　杏仁粉250克

全蛋250克　卡士達500克

杏仁塔皮（材料請見130頁，及134頁製作步驟1～6，以直徑7公分、高1.7公分塔模製作）

[黑醋栗餡]

A──黑醋栗果泥300克　覆盆子果泥180克

B──全蛋300克　砂糖240克

吉利丁粉6克　水30克　奶油450克

[蛋白餅]

蛋白350克　砂糖612克　糖粉131克　玫瑰鹽5克

[栗子奶油餡]

A──無糖栗子泥225克　有糖栗子泥450克

鮮奶油150克

製　作　[杏仁卡士達塔]

1　將所有粉類過篩。

2　卡士達放入攪拌缸，以槳狀攪拌器拌打至滑順。

3　將A放入攪拌缸內，以槳狀攪拌器混拌均勻。

4　蛋分數次加入3，確實乳化，以手持刮板稍微翻攪。

5　加入卡士達拌勻，再以手持刮板稍做翻攪，即成為杏仁卡士達餡。裝入容器裡，冷藏一晚備用。

6　靜置過一晚的杏仁卡士達餡微波至常溫，以打蛋器攪打至質地光滑的狀態。

7　取出冷藏鬆弛後的杏仁塔皮，削去高出塔模邊緣的塔皮。

8　以擠花袋填入杏仁卡士達餡至8分滿，總重量約爲20～25克。

9　進入上火160°C／下火210°C烘烤20～25分鐘。接著將烤盤轉向，再烤5分鐘左右，直到表面呈現金黃色澤，塔殼也確實上色即可出爐。

主・廚・小・撇・步

1　先取出卡士達放至室溫，攪拌時較易恢復成柔軟滑順的質地。

2　攪拌杏仁卡士達時，勿打入過多空氣，以免於烤焙時過度膨脹，使杏仁卡士達塔成品出爐後，表面呈現周圍突起焦黑、中央凹陷的狀態。

3　奶油須放至室溫（20°C～30°C之間）再開始操作，奶油過冰過硬將難以與其他材料拌勻。若溫度過高，奶油會開始融解，使成品失去酥脆口感。

4　粉類加入後，攪拌過度會形成過多麩素。攪拌不足的話，在擀壓塔皮時，則會因質地過於濕黏難以操作。

[黑醋栗餡]

1 將吉利丁粉與水混合靜置還原爲凍狀。

2 將A以微波方式煮沸。

3 B以打蛋器混拌均勻,一邊倒入A,一邊攪拌。

4 將2隔水加熱至85°C,接著加入吉利丁凍攪拌至溶化。

5 A降溫至40～42°C,一邊一點一點加入軟化奶油,一邊以刮刀攪拌。

6 奶油全部加入後,再以均質機打至質地滑順具光澤感的狀態。

7 放入容器中,以保鮮膜覆蓋表面,冷藏一晚備用。

[蛋白餅]

1 蛋白以球狀攪拌器高速打發,分次加入砂糖,直到提起攪拌器時呈現堅挺直立的狀態,再轉至低速,慢慢加入鹽及糖粉拌勻。

2 蛋白霜裝入擠花袋中,圓形平口花嘴於矽膠墊上擠出大小一致的水滴圓錐狀。

3 烤箱加以上火100°C／下火100°C預熱後關火,放入蛋白餅以餘溫烘乾一晚備用,烤至內外酥脆的狀態。

［栗子奶油餡］

1　將 A 放入食物處理機打至整體呈現質地一致的泥狀，**攪拌過程中，務必不時以刮刀刮下附著於缸壁以及缸底的材料，以免成品中混入未攪打成泥的栗子塊。**

2　將鮮奶油分兩次加入1，打至質地滑順的狀態，即可裝入容器中，以保鮮膜覆蓋住表面，冷藏一晚備用。

組　裝　1　將適量的鮮奶油打至9分發，冷藏備用。

2　以抹刀於杏仁卡士達塔表面抹上一層黑醋栗餡，再放上一顆蛋白餅。

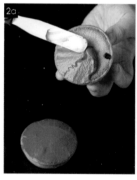

3 　將打發鮮奶油填入裝了圓口花嘴的擠花袋，從底部繞圈往上擠成高度約
　　8.5公分的圓錐狀。

4 　以小刀將鮮奶油表面刮平，修至圓錐狀，冷藏定型。

5 　栗子奶油餡微波至室溫，稍微以刮刀拌過，填入裝了星形花嘴的擠花袋，
　　沿圓錐狀的鮮奶油，由下往上擠出一個個線條。

裝　飾　撒上防潮糖粉，再點綴上半顆糖漬栗子。

黃金歐布納斯
Tarte aux Marrons d'Aubenas

材　料　[馬斯卡邦香堤]

動物鮮奶油400克　馬達加斯加香草莢半條　細砂糖55克

馬斯卡邦起司150克（每份約使用65克，共可製作8～9份）

[栗子餡]

有糖栗子餡740克　無糖栗子餡110克　奶油75克（室溫）　30度糖水70克

麥斯蘭姆酒35克（每份約使用65克）

[栗子蛋糕]

有糖栗子餡360克　無糖栗子餡135克　全蛋225克　葡萄籽油120克

玉米粉30克　蛋白135克　細砂糖45克

（預備60×40公分烤盤，以直徑11公分圓形壓模壓製，一盤可製作出17片）

[香草馬斯卡邦]

動物鮮奶油200克　蛋黃2個　細砂糖40克　馬達加斯加香草莢半條

馬斯卡邦150克　吉利丁粉2.5克　水15克

（預備直徑12公分、高1.5公分圓形矽膠模，可製作3.5份，一份112克）

[酸櫻桃果醬]

材料請見136頁

[杏仁卡士達塔]

杏仁卡士達餡（材料請見142頁）

杏仁塔皮麵糰（材料請見130頁，及134頁製作步驟1～4，以直徑16公分圓形塔模製作。）

製　作　[馬斯卡邦香堤]

1　動物鮮奶油、細砂糖、馬達加斯加香草莢放入鍋中煮沸後，加蓋靜置悶5分鐘。

2　將1倒入馬斯卡邦起司中乳化，以手持調理機調理均質，冷藏一晚備用。

[栗子餡]

1　有糖栗子餡、無糖栗子餡、奶油倒入調理機打勻。

2　依序加入30度糖水和蘭姆酒，打勻至細緻光滑狀。

[栗子蛋糕]

1　有糖栗子餡、無糖栗子餡倒入調理機，依序加入全蛋、葡萄籽油、玉米粉打勻。

2　蛋白打至起泡，細砂糖分兩次放入打至6分發。

3　將1/3的蛋白放入1拌勻，再倒回2和剩下的蛋白拌勻。

4　倒入烤盤，以刮刀抹平表面，以180°C烘烤約10分鐘。

[香草馬斯卡邦]

1　將吉利丁粉與水混合靜置還原爲凍狀。

2　香草莢剖開，取出香草籽。

3　蛋黃和細砂糖放入鋼盆，以打蛋器拌勻。

4　動物鮮奶油、香草籽與香草莢加熱煮沸後沖入3，隔水加熱煮蛋奶醬，溫度升至83°C時加入吉利丁溶解。

5　倒入馬斯卡邦中拌勻，以手持調理機均質至光滑細緻狀態。

6　填入模具，再將烤好及裁切好的栗子蛋糕放上，置於冷凍庫中。

[酸櫻桃果醬]

製作步驟請見140頁

[杏仁卡士達塔]

1　取出靜置一晚的杏仁卡士達餡微波至常溫，並稍微以打蛋器攪打致質地光滑狀。

2　將麵糰擀壓為4公釐厚，在麵皮上以叉子刺出小洞，壓製出比6吋稍大的圓形麵皮填入塔模，並確實將塔皮與塔模之間的空氣壓出來，冷藏鬆弛至少1小時。

3　削去高出塔模邊緣的塔皮，以擠花袋填入杏仁卡士達餡至8分滿，鋪上冷凍莓果粒。

4　以上火160°C／下火210°C烤20～25分鐘之後，接著將烤盤轉向，再烤5分鐘，直到表面呈現金黃色澤，塔殼確實上色即可出爐。

5　待塔殼冷卻至常溫後，即可脫模備用。

組　裝　1　在杏仁卡士達塔表面抹酸櫻桃果醬備用。

　　　　2　將冷凍過後的香草馬斯卡邦及栗子蛋糕取出。

　　　　3　栗子餡微波至室溫，將栗子餡裝進擠花袋中，在2擠上線條狀，放置於杏仁卡士達塔上。

　　　　4　馬斯卡邦香堤打發至7～8分發，擠在塔的邊緣。

　　　　5　使用抹刀將旁邊多餘的鮮奶油抹掉、抹平。

裝　飾　表面以切成小丁的糖漬栗子與金箔裝飾。

栗子巴斯克餅
Gâteau Basque

歷史緣由趣聞 / 混合麵粉及豬油的傳統點心　小豬外型代代相傳

巴斯克位於法國境內，法國稱爲巴斯克海岸。當地有一種混合麵粉及豬油的傳統點心，做成小豬造型，稱爲巴斯克蛋糕，十八世紀深受旅人們喜愛。隨著時序變換，內餡也由無花果換成櫻桃果醬。十九世紀出現卡士達餡的現代版巴斯克蛋糕，爲居住在布魯地區的一對姊妹創造，然後代代傳給女兒。厚實的巴斯克餅塔皮帶有濃濃奶香，內餡飽滿，香氣濃郁讓人欲罷不能。

材　料　[巴斯克塔皮]

奶油1315克　細砂糖940克　鹽12.5克　低筋麵粉1690克　杏仁粉625克

全蛋190克　蛋黃150克（以直徑10公分、高3.5公分塔模製作，可製作30份）

[杏仁餡]

奶油100克　杏仁粉100克　糖粉100克　全蛋100克

（每份約使用40克，共可製作10份）

[糖漬栗子]

細砂糖500克　水1000克　冷凍栗子1000克

（每份約使用38克，共可製作65份）

[覆盆子酸櫻桃果醬]

冷凍覆盆子47克　冷凍酸櫻桃235克　細砂糖140克　細砂糖24克

NH果膠6克　檸檬汁15克（每份約使用20克，共可製作23份）

製　作　[巴斯克塔皮]

1　粉類過篩備用。

2　奶油、細砂糖、鹽放入攪拌缸拌勻。

3　全蛋及蛋黃分三次加入拌勻，再將粉類加入拌勻後，**麵糰放入塑膠袋中**，以擀麵棍壓平，放入冷藏備用。

[杏仁餡]

1　粉類過篩備用。

2　奶油、糖粉放入攪拌缸打至微發，全蛋分次慢慢加入，再加入杏仁粉拌勻。

[糖漬栗子]

1　細砂糖及水煮沸後，加入冷凍栗子，以小火煮至栗子熟透。

2　浸漬兩天即完成。

[覆盆子酸櫻桃果醬]

1　細砂糖24克和NH果膠混和均勻。

2　冷凍覆盆子、冷凍酸櫻桃及細砂糖140克放入銅鍋中，升溫至40～50°C。

3　將混合好的細砂糖及果膠緩緩加入拌勻，升溫至100～103°C後加入檸檬汁。放入容器冷藏一晚備用。

組　裝　1　將巴斯克餅皮延壓至7公釐厚，分為底、邊、面。底以直徑9.5公分圈模壓製。邊裁切長27公分寬2公分的長條狀。面以直徑11公分圈模壓製。

2　模具內側抹上一層薄薄的奶油，先放入底部的餅皮。

3　在底部餅皮周圍刷上一圈蛋液，再將條狀的側邊餅皮放入模中固定。

4　擠入覆盆子酸櫻桃果醬，表面抹平。

5　填入杏仁餡，放入糖漬栗子。

6　蓋上表面餅皮，以擀麵棍將餅皮擀入模具中，旁邊多餘餅皮削去。

7　在表面刷上兩次蛋黃液，以小刀在表面劃出圖案，中間戳出小洞。

8　上火190°C／下火200°C烘烤約30分鐘，接著將烤盤轉向，再烤30分鐘，表面膨脹時，須往下壓進模內。

9　烤至表面呈現金黃色後，於表面再刷上30度糖水，最後烘烤3分鐘即可。

太陽
Le Soleil

材　料　[鳳凰單叢鮮奶油]

鳳凰單叢茶葉30克　動物鮮奶油375克　轉化糖漿15克

葡萄糖漿15克　白巧克力50克　可可脂17.5克

吉利丁粉2克　水10克

（每份約使用150克，共可製作3份）

[洋梨凍]

洋梨果泥500克　細砂糖50克　NH果膠13克

檸檬汁10克　洋梨酒10克

（預備直徑12公分、高1.5公分圓形矽膠模，每份約使用100克，共可製作5份）

[咖啡慕斯]

咖啡豆60克　動物鮮奶油600克

咖啡鮮奶油300克　白巧克力150克　動物鮮奶油120克

吉利丁粉3克　水15克

（預備直徑12公分、高1.5公分圓形矽膠模，每份約使用125克，共可製作4份）

[茶漬洋梨]

洋梨500克　水500克　細砂糖250克　鳳凰單叢茶葉15克

（每份約使用150克，共可製作5份）

[杏仁卡士達塔]

杏仁卡士達餡（材料請見142頁）

杏仁塔皮麵糰（材料請見130頁，及134製作步驟1～4，以直徑16公分圓形塔模製作）

製　作　[鳳凰單欉鮮奶油]

1　將吉利丁粉與水混合靜置還原爲凍狀。

2　白巧克力和可可脂放入鋼盆。

3　動物鮮奶油倒入煮鍋加熱煮沸後，加入茶葉悶泡10分鐘。

4　過濾掉茶葉，再加入適量動物鮮奶油，至到重量爲375克（註），加入轉化糖漿及葡萄糖漿再加熱煮沸。

5　將浸泡完成的吉利丁加入4溶解。

6　將5沖入白巧克力和可可脂乳化均勻，以手持均質機調理至質地更細緻的狀態，放置冷藏一晚。

註：悶泡過程中，由於茶葉及咖啡渣會吸附鮮奶油，過濾後會使分量減少，因此需額外加入鮮奶油回復至原始重量。

[洋梨凍]

1　洋梨果泥加熱至40°C。

2　細砂糖和NH果膠混合均勻，加入洋梨果泥中加熱煮沸。

3　降溫冷卻後，加入檸檬汁和洋梨酒拌勻，倒入模具中，放入冷凍庫。

[咖啡慕斯]

1　吉利丁粉加入水中浸泡30分鐘以上。

2　動物鮮奶油打發至6～7分發備用。

3　咖啡豆放進160°C烤箱烘烤7分鐘，接著倒入動物鮮奶油浸泡，放置冷藏一晚備用成為咖啡鮮奶油。

4　咖啡鮮奶油加熱煮沸，過篩濾除咖啡豆，再加入適量動物鮮奶油，至到重量為300克（註），加熱煮沸。

5　吉利丁加入溶解，再沖入白巧克力乳化，以手持調理機調理至光滑狀態，溫度降至35～40°C。

6　將5和打發鮮奶油混合，均勻倒入模具中。

7　取出冷凍完成的洋梨凍，置於在咖啡慕斯上，放入急速冷凍。

[茶漬洋梨]

水和細砂糖煮至沸騰，將茶葉和洋梨加入，悶泡2～3天，茶香進入洋梨果肉後方可使用。

[杏仁卡士達塔]

1　取出靜置一晚的杏仁卡士達餡微波至常溫，並稍微以打蛋器攪打至質地光滑狀。

2　將麵糰擀壓為4公釐厚，在麵皮上以叉子刺出小洞，壓製出比6吋稍大的圓形麵皮填入塔模，並確實將塔皮與塔模之間的空氣壓出來，冷藏鬆弛至少1小時。

3　削去高出塔模邊緣的塔皮，以擠花袋填入7分滿的杏仁卡士達餡。

4　將茶漬洋梨切成薄片，接著鋪排在卡士達餡上方。

5　以上火160°C／下火210°C烤20～25分鐘，接著將烤盤轉向，再烤5分鐘左右，直到表面呈現金黃色澤，塔殼確實上色即可出爐，待塔殼冷卻至常溫後即可脫模備用。

組 裝   1   取杏仁卡士達塔，表面抹上打發至7分發的鳳凰單叢鮮奶油。

           2   取出冷凍的洋梨凍及咖啡慕斯，放置於卡士達塔上方。

裝 飾   1   表面擠上鳳凰單叢鮮奶油，周圍以蛋白餅裝飾，排出如同太陽的造型。

           2   放上巧克力片，並於表面擠上果膠、擺放金箔裝飾。

◆　●▉ boîte de bijou

融化在舌尖的美味：珠寶盒的祕密

精緻的蛋糕，美味的麵包，和巴黎吃到的一樣美味，帶來無限幸福。

| 忠實顧客 J. H. |

自由、人文、美食的法式空間

有文化教養的人，能在美好的事物中發現美好的涵義；這是
因爲這些美好的事物裡蘊藏著希望。

——王爾德（Oscar Wilde, 1854—1900），愛爾蘭作家、詩人、劇作家

在巴黎，Bistrot（小酒館）是生活的小劇場。每一位客人在此粉墨
登場，每一處空間的陳設布置，每一張椅、每一張桌、每一個餐盤杯子，
都是一種慰藉，讓他們安心自在，享受生活、歡笑、聊天的片刻。走入
Bistrot，那恰好的氣氛，如同魔法一樣令人安心。

迄今，法式魅力依舊無所不在。一條街、一盞燈、一棵樹、一個轉
角、一家咖啡館、一間老房，處處展現生活美感，讓法國人從小就有美學
的潛移默化在其中。

珠寶盒法式點心坊　如同巴黎Bistrot的延續

置身在街角一隅的珠寶盒法式點心坊，如同巴黎Bistrot的延續，靜

誼交織著愜意人生，每一張容顏，都在咖啡佐甜點、麵包的下午茶，或是三明治佐沙拉的輕食組合間，頓時放鬆了臉上線條，深藏的緊張、憂慮、壓力，因為綻放的笑容而一一舒展。往椅子上一坐，隨後上桌的美食雖不豪華卻精緻，一如詩的語言，耐人花上一個下午的時間予以回味。

三、五閨密好友相聚，分享生活日常。即使獨自前來，服務人員的溫柔絮語，安置在玻璃櫃中的一道道璀璨甜點、巧克力、法式軟糖，以及置於架上的歐式麵包飄在空氣中的那股淡淡麥香與溫情，已是最溫柔的陪伴與撫慰。

自在、人文、美食，在珠寶盒法式點心坊堆疊出美好氣氛，匯聚成一股能量，讓人朝向明天的希望前進。本章將透過在家隨手就能製作的點心，為繁忙的生活妝點一絲慵懶閒散的氣息。

法式生活在我家

法式生活，從吃開始實踐。對法國人來說，吃，是重要的事，從品嚐美食，可以延伸出許多生活面向，而這些面向，是不論身在何處都能夠體驗的。

小小的觀念　實踐法式生活大大的一步

除了外出享用美食，法國人也喜歡自己在家裡下廚，邀請親朋好友一同到家中用餐，如果把在家宴客這件事畫分開來看，至少包含了上市場買菜、親自下廚、布置餐桌及培養社交能力等不同的面向，每一個面向背後都有不同的意義。

以買菜來說，法式料理的精髓就是新鮮的食材，所以上市場親自採買當季食材，就是實踐一種最庶民的法式生活。再說到下廚及佈置餐桌，雖然是完全不同的兩件事，但是都講究創意及美感，可以藉此不著痕跡地展現個人品味及風格。而身為餐會的主人，如何引導餐會的進行，讓大家愉快地交流盡興而歸，則是許多人追求的生活樂趣。值得一提的是，法國人雖然熱愛享受美食，但對於健康及保持身材的注重，也是不遺餘力的。

法國人奉行為生活而工作，不為工作而生活，這或許是法式生活為何總顯得如此優雅愜意的原因之一，一個小小的觀念，是實踐法式生活大大的一步。

紅酒洋梨蘋果塔

Tarte Pommes-Poires et Vin Rouge

材　料　[杏仁卡士達塔]

杏仁卡士達餡（材料請見142頁）

杏仁塔皮（材料請見130頁，及134頁製作步驟1～4，以直徑8公分、高2.5公分花邊塔模製作）

[香草卡士達]

A──鮮奶2160克　砂糖180克　大溪地香草莢1條

B──蛋黃720克　砂糖390克　低粉84克　玉米粉84克

　　奶油144克

[紅酒洋梨蘋果]

新鮮蘋果8顆　新鮮洋梨8顆

A──檸檬皮5顆　柳橙皮5顆　砂糖750克　紅酒3500克　肉桂棒1又2/3條

表面裝飾　鏡面果膠　紅醋栗

製　作　[杏仁卡士達塔]

製作步驟請見142頁。

[香草卡士達]

1　將香草莢剖半，刮出香草籽，與鮮奶、砂糖放入厚底鍋中煮沸。

2　材料B依序放入鋼盆中，以打蛋器確實混拌至無顆粒的滑順狀態。

3　將1煮沸後，緩緩倒入B中，同時以打蛋器攪拌，接著過篩倒入銅鍋中，大火加熱。

4　加熱時，使用打蛋器畫過鍋中每一處，徹底攪拌混合均勻。煮至質地變得黏稠後，**繼續煮至卡士達呈現滑順且沸騰冒泡的狀態**，即可離火。

5　加入奶油混合均勻，接著倒入鋪上保鮮膜的平盤中，並盡快貼著表面覆上保鮮膜，將空氣壓出。放入冷凍庫中冷卻至中心溫度降至冰冷（4°C以下），再移至冷藏庫中保存。

6　無糖鮮奶油打至8分發，卡士達以打蛋器**攪拌**至質地柔軟滑順的狀態備用，並以鮮奶油：卡士達＝33：100的比例，使用刮刀將兩者以輕柔地往上撈起的方式混合。

紅酒洋梨蘋果塔 *Tarte Pommes-Poires et Vin Rouge*

[紅酒洋梨蘋果]

1　蘋果去皮去核，切4等分。

2　在大鋼盆內裝入 A 及蘋果，以大火煮沸。

3　將罐頭洋梨的汁液瀝乾，加入2中，煮沸後立刻熄火。

4　冷卻後蓋上保鮮膜，冷藏浸泡一晚。

主·廚·小·撇·步

除了新鮮洋梨，也可使用罐頭洋梨。若使用罐頭洋梨，勿烹煮過久，因罐頭洋梨質地柔軟，
烹煮時間過長將使質地過軟。

組　裝　1　將洋梨及蘋果瀝掉汁液，擺放於紙巾上吸除多餘水分。

2　洋梨先縱切分為兩半，再切成厚度1公分左右的條狀。

3　蘋果先縱切分為兩半，再切成6～8個的三角形塊狀備用。

4 於杏仁卡士達塔中央擠上適量的香草卡士達。

5 圍繞香草卡士達，方向一致地以4片洋梨擺成方形。

6 第二層則如排列成三角形般擺上3片洋梨。

7 以6個三角形蘋果塊拼湊爲一個圓錐形，疊在洋梨上方，放入冷藏定型。

8 在鏡面果膠中加入適量的飲用水調和，以毛刷在紅酒洋梨蘋果表面刷上果膠，最上方擺上紅醋栗點綴裝飾。

洋梨浸泡 Cabernet Sauvignon 紅酒極爲搭配

紅酒洋梨蘋果塔是法式經典甜點，將新鮮蘋果與洋梨浸泡 Cabernet Sauvignon 紅酒，酒種香甜的味道跟水果十分搭配，再佐卡士達餡，是珠寶盒法式點心坊最具代表性的蛋糕之一。

可露麗
Canelé

天才甜點師 Pierre Hermé 可露麗在巴黎嶄頭角的推手

可露麗來自法國波爾多,又名天使之鈴,據說這道甜點的發明和波爾多製酒產業有關,也有一說是十八世紀當地修道院修女無意間烤出來的甜點,在波爾多的大城小鎮到處都能購得。天才甜點師 Pierre Hermé 在 Fauchon 擔任甜點主廚時,將可露麗帶到巴黎,使其嶄頭角,連帶在亞洲也開始風行。

正統的可露麗烤模是銅製的,由於銅的導熱性佳,溫度上升快而且維持溫度的效果穩定。可露麗外型不太出色,口感卻獨特,好吃的可露麗外皮焦脆、內在溼軟有彈性,嚐起來有濃濃的蛋奶和蘭姆酒香。

材 料　A——奶油66克　牛奶1296克

B——砂糖589克　低筋麵粉295克

C——全蛋91克　蛋黃165克

蘭姆酒157克　食用蜂蠟適量

製 作　1　將A放入鍋中煮至70°C,B及C分別以打蛋器混合備用。

2　將B一邊倒入A中,一邊以打蛋器快速攪拌,至到看不見顆粒。

3　將C倒入2當中拌勻,以濾網過篩後,與蘭姆酒拌勻,冷藏一晚備用。

4　煮融食用蜂蠟,銅模放在烤箱中稍加溫熱,再將蜂蠟倒滿整個銅模,接著倒進下一個銅模內,依序操作,在每一個模內覆上蜂蠟。

5　待銅模冷卻,將可露麗麵糊稍微以打蛋器拌勻,灌入銅模內約9分滿。

6　以上火210°C / 下火210°C,烘烤45分鐘,烤盤轉向,再放入烤箱烘烤35～40分鐘,直到表面均勻上色,即可出爐脫模散熱。

主·廚·小·撇·步

製作麵糊時勿攪拌過度,以免形成過多麩素,麩素將使成品烤完後形狀緊縮。

蘋果派
Feuilleté Pommes

法國鄉村平民糕點　家家戶戶都有私房配方

法國鄉村料理充滿多元性，以蘋果派來說，就有二、三十種做法，因地域不同、蘋果種植方式的差異，製作出來的蘋果派也不盡相同。蘋果派是常見的平民糕點，起源於十九世紀，幾乎家家戶戶都會自製。經典的諾曼地蘋果塔有圈薄派皮，派皮上鋪著片片層次豐富的蘋果。同屬北部的勃艮地，製作蘋果派時則不使用派皮，以雞蛋、牛奶和糖當基底，口感類似布丁或慕斯。

材　料　［千層派皮］

高筋麵粉251克　低筋麵粉251克　奶油50.2克　細砂糖10.4克　鹽11.2克
牛奶113.2克　冰水113.2克　白醋20克　片狀奶油100克

［杏仁餡］
A─奶油100克　糖粉100克　杏仁粉100克
蛋100克

［新鮮蘋果］
2.5顆

表面裝飾　全蛋半顆　砂糖適量　杏桃果膠

製　作　［千層派皮］

1　粉類、糖、鹽、奶油放入攪拌鋼低速攪拌4分鐘至奶油成砂粒狀。

2　加入牛奶、冰水、白醋至1中，以慢速攪拌5分鐘。

3　分割麵糰一份為205克，壓平成中間稍薄的四方形，放入塑膠袋中冷藏15小時。

4　麵糰延壓成長寬4：3的長方形，奶油延壓成長寬3：2的長方形，將麵糰包油三摺兩次後冷藏一晚，隔天取出再三摺兩次，即可冷凍備用。

5　使用時放置於冷藏庫，解凍到適當的軟硬度，即可延壓成需要的厚度製作。

6　將冷凍派皮放至烤盤中於冷藏退冰，整形為35公分長、17公分寬，3公釐厚。

［杏仁餡］

1　將所有粉類過篩。

2　將A材料一起放入攪拌缸內，以槳狀攪拌器混拌均勻。

3　蛋分數次加入1裡，確實乳化，以手持刮板稍微翻攪。

4　裝入容器內，冷藏一晚備用。

組　裝　1　蘋果去皮對半切開，再以鋸齒刀去核，切出13～15片的薄片。

2　取出適量的杏仁餡微波10秒左右。

3　先以手指摺疊派皮長邊的兩側，均勻塗抹上一層杏仁餡。

4　整齊地將蘋果片分層排列在派皮上，排至第三列時，將蘋果片略微推倒，再擺上兩列蘋果片，共擺放五列。

5　刷上薄薄一層蛋液，均勻撒上少許砂糖，以上火190°C／下火190°C的爐溫烤40分鐘後，烤盤轉向，再烤20～25分鐘至上色即可出爐。

6　將果膠與適量的水放入煮鍋中煮沸。

7　蘋果派冷卻後，以L型抹刀小心地將派皮從烤盤中刮起，去除派皮及蘋果片焦黑的部分。

8　在蘋果片上刷一層果膠，再切成寬度6公分的5等分。

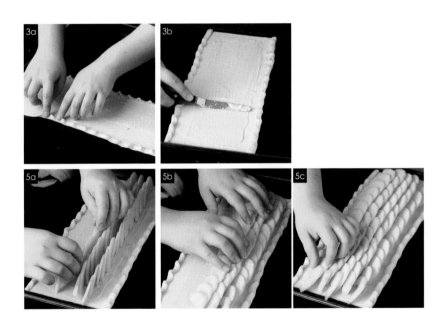

主・廚・小・撇・步

排列蘋果片時，避免壓住兩側已摺疊好的派皮，以免烘烤時無法膨脹。

布列塔尼
Far Breton

材　料　A——鮮奶油605克　牛奶605克

B——砂糖183克　低筋麵粉238克　鹽少許

全蛋238克　蘭姆酒37克　砂糖適量　奶油適量

C——蘭姆酒適量　加州梅果乾適量

（預備直徑6.5公分、高3.5公分的圓柱體矽膠模）

製　作　1　將加州梅果乾放入容器中，倒入蘭姆酒淹過果乾的高度，浸泡入味。

2　A放入鍋中混合，加熱至60°C。

3　全蛋以打蛋器攪拌後備用。

4　B過篩後充分混合，一邊倒入A中，一邊以打蛋器快速攪拌，攪拌至看不見粉結粒的狀態。

5　在3當中倒入C，以濾網過篩，與蘭姆酒拌勻，冷藏一晚備用。

6　以毛刷在矽膠模內側四周及底部均勻刷上薄薄一層軟化奶油，並倒滿砂糖，接著在上方蓋上一張烘焙紙及木板，倒扣，將砂糖倒出。

7　擺上一顆酒漬加州梅在正中央，刮入一小塊奶油在每一個圓模的邊緣，接著灌入布列塔尼麵糊至全滿。

8　以上火150°C／下火210°C烘烤40分鐘，烤盤轉向，再烤20～25分，直到掀開底部的焦糖呈現深褐焦糖色，即可出爐，於室溫放涼後脫模。

普羅旺斯
Tarte Citron

麵包店及小酒館常見甜點

檸檬塔，起源為一八四〇年被暱稱為「Pähl」的奶油專家的店中誕生，自古以來為麵包店或法式小酒館中常見的甜點，派皮裡擠上檸檬風味奶油，再蓋上蛋白霜以烤槍使表面微焦的型態為傳統做法。

珠寶盒的普羅旺斯，為檸檬塔的進化版，以蜜漬黃檸檬片加上檸檬奶油餡，上層抹上自製羅勒鏡面與蜜漬番茄點綴，突破傳統檸檬塔做法，製造驚豔。

材　料　[杏仁塔皮] 與 [刷塔殼用白巧克力]

材料請見130頁

（預備直徑7公分、高1.7公分圓形塔模，可製作63份，一份20克）

[糖漬黃檸檬片]

黃檸檬6顆　砂糖200克　水400克

[檸檬蛋奶醬]

A——黃檸檬果泥132克　綠檸檬果泥68克

B——全蛋240克　砂糖200克

C——奶油320克　黃檸檬皮屑3顆量

吉利丁粉2.5克　水12.5克（每份約使用45克，共可製作20份）

[羅勒鏡面]

冷榨橄欖油6克　新鮮羅勒葉6克

鏡面果膠70克（每份約使用2克，共可製作40份）

表面裝飾　[糖漬番茄]
材　料

小番茄600克

A——砂糖200克　水400克

[瑞士蛋白霜]

砂糖90克　蛋白68克

製　作　［杏仁塔皮］與［刷塔殼用白巧克力］

製作方式請見134頁

［糖漬黃檸檬片］

1　黃檸檬切成厚薄一致的圓片，挖除籽備用。

2　將檸檬片以滾水殺青四次，去除苦澀味。

3　將A煮沸，倒入檸檬片，以中小火煮至入味，檸檬皮呈現微微透明的狀態即可離火，冷藏浸漬一晚備用。

［檸檬蛋奶醬］

1　將吉利丁粉與水混合靜置還原為凍狀。

2　將A煮沸。B以打蛋器混合後，再一邊沖入煮沸的A，一邊攪拌。

3　C加熱融化之後，與過篩的2混合。

4　將3隔水加熱煮至83°C，加入吉利丁拌勻。

5　降溫到40°C，以均質機打至質地泛白且滑順的狀態，冷藏一晚備用。

[羅勒鏡面]

將全部材料以均質機打勻至羅勒葉完全細碎即可。

[糖漬番茄]

1 小番茄底部以鋸齒刀輕輕劃上十字。

2 備一鍋滾水,倒入番茄,直到十字切口處表皮微微掀開即可撈起,沖入冷水,一一將果皮剝除備用。

3 砂糖及水煮滾,再將番茄倒入鍋中,以中小火煮至入味,果實表面微微皺起即可離火,冷藏浸漬一晚備用。

[瑞士蛋白霜]

砂糖及蛋白一起放入攪拌缸中,以球型攪拌器一邊攪拌,一邊以爐火加熱至40～50°C,再以中高速打至8、9分發備用。

組　裝　1 將糖漬黃檸檬片以紙巾確實吸乾水分,放入塔殼底部。

2 以小抹刀在塔殼內填入檸檬蛋奶醬,塗抹成中間微凸且表面呈現光滑平整的形狀,移至冷凍中冰至表面稍硬。

3 待表面凝固,於表面塗上薄薄一層羅勒鏡面。

4 以菊花形花嘴擠上蛋白霜,再以噴槍稍微燒至表面上色。

5 糖漬番茄對半切開。以紙巾吸乾水分,擺放在表面。

大溪地香草布蕾
Crème Brûlée

燒焦的奶油，征服無數人的味蕾

烤布蕾，又稱法式焦糖布丁，這種甜點始見於一六九一年法國貴族大廚師 François Massialot 的著作《烹飪──從王室到貴族》中，他把這種甜點稱爲 Crème brûlée，意思爲「燒焦的奶油」。布蕾以蛋、鮮奶油爲食材，不同於布丁使用牛奶，鮮奶油使布蕾的口感較綿密濃郁。製作布蕾所用的蛋奶醬主要添加香草，也視個人喜好添加其他佐料，如巧克力、香檳、檸檬。烤布蕾的滑潤質感以及綿密濃郁的奶油香，征服了無數人味蕾。

材　料　A──砂糖300克　熱水90克

B──砂糖264克　牛奶395克　大溪地香草莢1條

蛋黃474克　鮮奶油2109克

（每份約100克，共可製作32份）

製　作　1　取材料A，砂糖分次倒入銅鍋中以中火煮融，直到焦化，再一點一點沖入熱水拌勻即成焦糖。

2　在布丁杯中倒入1小匙焦糖（約5克）備用。

3　香草莢剖半，刮出香草籽，和B一同放入厚底鍋中煮沸。

4　將3一邊沖入蛋黃中，一邊以打蛋器攪拌，用濾網過篩倒入鮮奶油中，再攪拌一下即成布丁蛋液。

5　布丁蛋液倒入布丁杯中至8分滿，以隔水方式，上火140°C／下火140°C，烤50分鐘，再蓋上薄烤盤，降溫至上火100°C／下火140°C，烤30～40分鐘，直到中心完全熟透，即可出爐散熱。

主·廚·小·撇·步

可用竹籤穿刺布蕾中心，觀察竹籤穿刺處是否有蛋液滲出，以判斷是否熟透。另外，也可用搖晃布丁杯的方式來判斷。如果底部跟著搖晃，並且焦糖沿著玻璃杯底部邊緣向上滲，代表已經可以出爐了。

鹹派
Quiche

傳統爐烤佳餚　亦正餐亦點心

法式鹹派爲法國傳統爐烤的經典佳餚，又稱洛林鄉村鹹派、洛林鹹派，外文名 quiche 源自德語 kuchen，意爲糕點，是法國、瑞士、德國等地常見點心，依當地風俗或個人習慣不同，在早餐、午餐或晚餐皆有人當做正餐食用。

法式鹹派沒有上層派皮，被歸類爲開放式餡餅，做法簡單，派皮通常先經烘烤，再加入其他食材。主材料是麵粉與奶油派皮、雞蛋與鮮奶油、牛奶的內餡，再加上不同餡料如熟煮的碎肉、蔬菜或起司等食材，送入烤爐前混入蛋液中，一同加熱。也可用番茄切片或派邊餡料裝飾豐富菜色，製成多種不同口味。

材　料

[派皮]

A——低筋麵粉300克　奶油150克　食鹽2.1克

B——蛋黃39克　冰水99克

（預備直徑10.5公分、高3.5公分圓形塔模，可製作10份，一份56克）

[蛋液]

動物鮮奶油1000克　牛奶936克　全蛋16顆

A——食鹽4.5平匙　黑胡椒粒4平匙　荳蔻粉4平匙

[內餡食材]

燻鮭魚片適量　花椰菜適量　牛番茄適量　起司絲適量

製　作

[派皮]

1　將A當中的奶油切成小丁，麵粉及鹽過篩後，所有材料一起放入攪拌缸，冷藏20～30分鐘備用。

2　取出冷藏的A，以漿狀攪拌器拌至酥波蘿狀（仍有些許奶油塊），將B快速倒入攪拌均勻後，以手揉勻成麵糰。擀成方形，冷藏一晚。

3　使用時，取出麵糰以擀成約2.5公釐厚的麵皮，再將麵皮填入塔模，並確實將塔皮與塔模之間的空氣壓出來。

4　以上火200°C／下火200°C烘烤25分鐘，接著將烤盤轉向，再烤5分鐘，直到表面呈現金黃色澤，塔殼確實上色即可出爐。

珠寶盒法式點心坊
04 融化在舌尖的美味：珠寶盒的祕密

鹹派 *Quiche*

[蛋液]

將動物鮮奶油、牛奶、全蛋放入鋼盆，以均質機攪拌均勻，再加入 B 拌勻。

組 裝
1 花椰菜切為小朵汆燙後備用。牛番茄切片備用。

2 塔殼內側刷上蛋黃液，稍微烤乾後，依序放入適量燻鮭魚片及花椰菜，最後放上一片牛番茄。

3 在塔殼內倒入蛋液至全滿，表面撒上起司絲。

4 放入旋風烤箱以180°C烘烤25～30分鐘，直到輕輕晃動鹹派時蛋液不會搖晃，且表面上色即可出爐。

橘片
Tranche d'Orange

運用巧思，橙皮廢棄物變身高雅甜點

被濃醇巧克力香氣包裹糖漬橘片，也有單純使用橙皮的做法，豐富層次口感清爽，是水果也是甜點，製作程序並不難，但較為耗時費工，尤以橙皮的糖漬過程，一次可以多做一些存放於乾淨的密封容器裡，巧克力等享用前再融化調溫即可。

多花一些心思與時間，原本丟棄的橙皮就變身高雅漂亮的甜點，建議可使用果皮較厚的香吉士或甜橙為食材，效果更好。

材　料　糖漬橘片　55%巧克力

製　作　1　將糖漬橘片沾入調溫好的巧克力中，讓巧克力裹上橘片的半邊。

　　　　　　2　放置矽膠墊上，放入溫度15～16°C、濕度50～60的冰箱中等待凝固成型。

布列塔尼餅乾
Galette de Pont-Aven

酥脆奶香口感

布列塔尼酥餅，因原產地是法國西北部布列塔尼（bretonne）得名，外型圓而扁平，外皮酥脆內裡鬆軟，放置一天回油又像蛋糕口感。布列塔尼奶油酥餅分薄餅與厚餅，配方差異不大，表面通常刷有蛋液，並壓有紋飾。主要的材料是奶油，熱量比較高，奶油要確實打到輕盈狀態，餅乾才足夠酥脆。也由於奶油含量高，混合好的麵糊較軟，可以適當冷藏再搓成條。

材　料　A──奶油270克　糖粉162克　食鹽1.6克
　　　　　蛋黃54克　蘭姆酒36克
　　　　　B──杏仁粉30克　低筋麵粉240克　泡打粉3克

製　作　1　將所有粉類過篩。

　　　　2　將A一起放入攪拌缸內，以槳狀攪拌器低速混拌均勻。

　　　　3　一邊低速攪拌，一邊緩緩加入蛋黃及蘭姆酒，確實乳化，以手持刮板稍加翻攪。

　　　　4　B分為兩次加入，攪拌至看不到粉的狀態，再以手持刮板稍加翻攪。

　　　　5　麵糰分為兩份，裝入塑膠袋中，以麵棍稍擀壓至平整，冷藏一晚。

　　　　6　冷藏一晚後，將麵糰分成六至八等分，以丹麥機一一輾壓成0.8公分厚，疊放在烘焙紙上，放置於冷凍庫中冰硬，再以直徑3公分的圓模沾上手粉一一壓成圓片狀。

　　　　7　準備大烤盤及矽膠墊，將矽膠墊的反面朝上放置於烤盤內，並噴上水分防滑。

8　壓好的餅乾麵糰較光滑的部分朝上，鋪排在一張矽膠墊上，於表面刷上蛋黃備用。

9　將圓形餅乾模內側刷上稍厚的一層奶油備用。

10　蛋液風乾後，再刷上第二層蛋液。

11　以叉子於表面畫出線條，套上餅乾模，以上火180°C／下火180°C烘烤25至30分鐘，表面呈深金黃色即可。

主・廚・小・撇・步

1　壓成圓片狀之後所剩的麵糰只能再重複使用一次就必須丟棄，否則將影響烘烤出來的成品形狀。

2　為求成品表面線條清晰一致，務必使用液態蛋黃塗抹表面，因為新鮮蛋黃過於濃稠，容易回流至畫出的線條中。另外，無論是塗抹蛋黃時的分量，或是以叉子刻上線條時的力道及角度等等，都必須精準拿捏。

咖啡達可瓦茲
Dacquoise

材　料　[達可瓦茲]

蛋白1100克　　細砂糖506克　　蛋白粉25克　　杏仁粉660克　　糖粉660克

低筋麵粉110克（預備長7.2公分、寬5公分橢圓模，可製作125個）

[奶油霜]

牛奶165克　　蛋黃97.5克　　細砂糖187.5克　　蛋白112.5克　　細砂糖225克

水75克　　奶油675克（每份約使用6克，共可製作256份）

製　作　[達可瓦茲]

1　粉類過篩備用。

2　蛋白打發，糖分三次加入，打至8分發。

3　粉類分次加入打好的蛋白攪拌均勻。

4　將麵糊裝入擠花袋，擠入橢圓形圈模中，再以刮刀抹平表面。

咖啡達可瓦茲 *Dacquoise*

5　移開模具後，於表面灑上糖粉。

6　風乾至表面不黏手，進爐前再撒第2次糖粉。以上火170°C／下火170°C
　　烘烤約18分鐘。

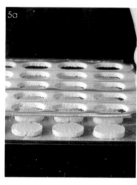

［奶油霜］

1　牛奶煮沸，加入混合好的蛋黃、細砂糖拌勻，隔水加熱煮至85°C，倒入
　　鋼盆打發冷卻。

2　細砂糖和水煮至118°C，沖入微微打發的蛋白，打至全發後降溫。

3　將室溫的奶油加入1打發至泛白，再加入打至全發的蛋白霜拌勻。

4　取700克的奶油霜加入58克的咖啡濃縮醬混合拌勻。

組　裝　將達可瓦茲背面擠上咖啡奶油
　　　　霜，放上酒漬葡萄乾，蓋上另
　　　　一片達可瓦茲。

百香果棉花糖
Guimauve

古埃及皇室及祭祀神明時的高貴享受

大約公元前兩千年，古埃及就有棉花糖，當時只有皇室及祭祀神明時才有機會享受。棉花糖由生長在野地沼澤的藥蜀葵製成，從根部搾出汁液，與蜂蜜、堅果混合可製成喉糖。十九世紀初，藥蜀葵被引入法國，法國廚師發現其黏液與水混合後會形成凝膠狀，因此加入糖漿、蛋白、香草蘭籽攪拌而成爲棉花糖。

棉花糖吃法多元，可做爲零食直接食用，也可經過燒烤讓口感香脆，由於棉花糖遇熱即融化，加入甜點烘焙讓味道更特別，也可加入熱飲。

材　料　百香果果泥304克

A──轉化糖漿236克　海藻糖307克　砂糖307克

B──轉化糖漿335克　吉利丁粉62克　水314克

橄欖油適量　玉米粉適量

（預備長寬各34公分，高3公分的壓克力框模，約可製作120顆）

製　作

1　將B當中的吉利丁粉與水混合靜置還原爲凍狀。

2　百香果果泥微波融化，倒入A中，煮至108～109°C。

3　在壓克力框緣內側抹上一層橄欖油。

4　壓克力框放置於鋪有矽膠墊的木板上，並在墊上抹一層橄欖油。

5　將1倒入B中，以球狀攪拌器低速攪打至吉利丁完全溶解。

6　轉至高速，打發至棉花糖流下時呈現緞帶般的質地，接著轉至低速攪打，把氣泡打出，使組織更細緻。

7　棉花糖倒入壓克力框中，以刮板稍微將表面抹平，放入15～16°C左右的冰箱冷藏一晚。

8　凝固完成的棉花糖脫模，表面灑上玉米粉，以切割器切成一顆顆方形，每一面均勻裹覆上玉米粉，再放至篩網上將多餘的粉篩除。

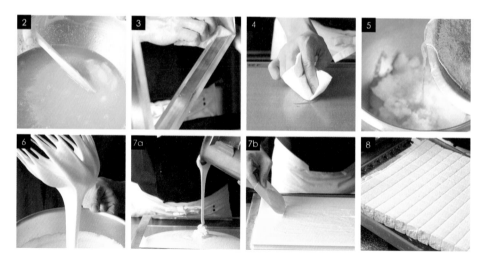

基本結構製作

魯邦種

[材料]

T55麵粉900%　水900%

[製作方式]

1　第一日取100%麵粉與100%水溫34°C的水，攪拌均勻至無粉粒狀，放入發酵箱30°C發酵12小時。

2　取出麵種，再加入新的100%麵粉與100%水溫34°C的水，攪拌均勻至無粉粒狀，放入發酵箱以30°C發酵12小時至隔日。

3　第二日至第四日均重複步驟1及2。

4　第四日第二次混入新的麵粉及水之後，改為發酵8小時至隔日（第五日），即取出原麵種加入新的100%麵粉與100%水，攪拌均勻至無粉粒狀。

5　最後放入發酵箱以30°C發酵12小時，即可放入冰箱冷藏保存。

[建議培養時程]

		T55麵粉（%）	水（%）	前次面種（%）
第一日	08:00	100	100	
	20:00	100	100	100
第二日	08:00	100	100	100
	20:00	100	100	100
第三日	08:00	100	100	100
	20:00	100	100	100
第四日	08:00	100	100	100
	20:00	100	100	100
第五日	04:00	100	100	100
	16:00	冰入冷藏冰箱，保存使用		

葡萄酵母液

[材料]

葡萄乾125%　糖25%　水250%

[製作方式]

1　將所有材料攪拌均勻，倒入消毒過的容器，蓋上蓋子。

2　放置25°C環境中，每天同一時間搖晃一次。

3　如加入舊的酵母液，靜置4天即可使用，如未加入舊的酵母液，則靜置6日才可使用。

國家圖書館出版品預行編目資料

珠寶盒法式點心坊：40道品味法國的烘焙饗
宴／珠寶盒法式點心坊著.--初版.--臺北市
：商周，城邦文化出版：家庭傳媒城邦分公司
發行，民 105.07
　面；　公分.--
ISBN 978-986-477-051-9（精裝）
1. 點心食譜 2. 法國
427.16　　　　　　　105010556

珠寶盒法式點心坊：40道品味法國的烘焙饗宴

作　　　者／珠寶盒法式點心坊
文 字 整 理／趙如璽
責 任 編 輯／陳思帆
版　　　權／翁靜如

行 銷 業 務／李衍逸、黃崇華
總　編　輯／楊如玉
總　經　理／彭之琬
法 律 顧 問／台英國際商務法律事務所 羅明通律師
出　　　版／商周出版
　　　　　　城邦文化事業股份有限公司
　　　　　　台北市中山區民生東路二段141號4樓
　　　　　　電話：(02) 2500-7008　　傳真：(02) 2500-7759
　　　　　　E-mail：bwp.service@cite.com.tw
發　　　行／英屬蓋曼群島商家庭傳媒股份有限公司城邦分公司
　　　　　　台北市中山區民生東路二段141號2樓
　　　　　　書虫客服服務專線：02-25007718．02-25007719
　　　　　　服務時間：週一至週五09:30-12:00．13:30-17:00
　　　　　　24小時傳真服務：02-25001990．02-25001991
　　　　　　郵撥帳號：19863813　　戶名：書虫股份有限公司
　　　　　　讀者服務信箱E-mail：service@readingclub.com.tw
　　　　　　歡迎光臨城邦讀書花園　網址：www.cite.com.tw
香港發行所／城邦（香港）出版集團有限公司
　　　　　　香港灣仔駱克道193號東超商業中心1樓
　　　　　　Email：hkcite@biznetvigator.com
　　　　　　電話：(852) 25086231　　傳真：(852) 25789337
馬新發行所／城邦（馬新）出版集團　Cite (M) Sdn. Bhd.
　　　　　　41, Jalan Radin Anum, Bandar Baru Sri Petaling,
　　　　　　57000 Kuala Lumpur, Malaysia
　　　　　　電話：(603) 90578822　　傳真：(603) 90576622

封 面 設 計／黃聖文
食 譜 攝 影／林宗億
照 片 提 供／珠寶盒法式點心坊、Susan Lin、Jessica Wu、達志影像
排　　　版／豐禾設計
印　　　刷／高典印刷有限公司
經 銷 商／聯合發行股份有限公司
　　　　　　電話：(02)2917-8022　　傳真：(02)2911-0053
　　　　　　地址：新北市231新店區寶橋路235巷6弄6號2樓

2016年7月7日初版　　　　　　Printed in Taiwan
2017年1月5日初版2.3刷
定價／650元

城邦讀書花園
www.cite.com.tw